Travel to the edge of time and space

人类宇宙探索

旅行到
时空边缘

李德范 ★ 著

万物
创生

SD 北京时代华文书局

图书在版编目（CIP）数据

旅行到时空边缘.万物创生 / 李德范著 . -- 北京 : 北京时代华文书局 , 2023.10
ISBN 978-7-5699-5045-8

Ⅰ.①旅… Ⅱ.①李… Ⅲ.①宇宙－起源－普及读物 Ⅳ.① P159.3-49

中国国家版本馆 CIP 数据核字 (2023) 第 177213 号

Lüxing Dao Shikong Bianyuan : Wanwu Chuangsheng

出 版 人：陈　涛
策划编辑：邢　楠
责任编辑：邢　楠
装帧设计：孙丽莉　段文辉
责任印制：刘　银　訾　敬

出版发行：北京时代华文书局 http://www.bjsdsj.com.cn
　　　　　北京市东城区安定门外大街 138 号皇城国际大厦 A 座 8 层
　　　　　邮编：100011　电话：010-64263661　64261528

印　　刷：三河市嘉科万达彩色印刷有限公司
开　　本：787 mm×1092 mm　1/16　　　　　成品尺寸：165 mm×235 mm
印　　张：11.5　　　　　　　　　　　　　　 字　　数：115 千字
版　　次：2023 年 12 月第 1 版　　　　　　　 印　　次：2023 年 12 月第 1 次印刷
定　　价：118.00 元（全三册）

目录

第1章
创世

我们身体中最多的那一类原子直接来自大爆炸。

无中生有

当回溯到极早期的起始状态时，宇宙变成了量子奇点。在那里，不但人类已知的一切物质形态都不存在，就连空间和时间也不存在。物质是被创生的，同样的，时间和空间也是被创生出来的。这样，询问在宇宙起始之前发生什么，或者奇点之外存在什么，是无意义的。

霍金用无边界设想描述那个初始状态。在这个图景中，时空没有边界，不存在起始点。无穷多的宇宙自发出现，它们从"无"中诞生，以所有可能的方式开始，就像沸腾的水中生成的无数气泡，不停地产生又消亡，处于一种混沌的状态。

所有那些如气泡般生灭的宇宙，其物理规律和我们的宇宙大不相同，它们不能孕育出生命，但其中有一个宇宙泡泡，快速膨胀出来，这就是我们的宇宙。

创造我们这样一个浩瀚的宇宙，需要多大的能量呢？答案是：零。

宇宙的物质由能量创生，我们把这能量称为正能量，而宇宙的引力场则具有负能量，因为所有物质都由引力相互吸引，把两个互相绕转的天体分开来，必须消耗能量。理论家们证明，宇宙的负能量能刚好抵消物质所代表的正能量，而正能量就是由引力能那里借贷而来，所以宇宙的总能量为零。暴胀宇宙学的创立者古斯说："都说没有免费午餐这件事，但是宇宙是最彻底的免费午餐。"

暴胀

最初的泡泡宇宙经历了一次极为快速的膨胀，天文学家们称之为暴胀，它发生在大爆炸 10^{-36} 秒之时。

暴胀之快，超乎所有人的想象。在一段非常短的时间里，宇宙的体积呈指数增长，差不多每隔大约 0.0000000000000000000000000000000001 秒的时间，宇宙的尺度就增大一倍。大约 100 个这样的时间间隔后，宇宙的体积增大了 1,000,000,000,000,000,000,000,000,000,000 倍。它相当于一个原子核区域瞬间膨胀到大约 1 光年的直径，或者一个氢原子大小瞬间膨胀到银河系尺度。暴胀速度远远超过了光速，但这并不违背相对论，相对论要求两个相对运动的物体速度不能超过光速，这不适用于空间本身的膨胀。

暴胀只持续了极短的时间——从 10^{-36} 秒至 10^{-34} 秒，就这极短的瞬间，造就了一个适合生命的宇宙，因为宇宙的时空性质、物理定律、自然常数等就是在暴胀中调整得恰到好处。此时的宇宙如同一粒种子，包含了从粒子到天体所有结构的密码，未来将由这些密码信息生长出各种原子和分子，形成各种星球天体，乃至于演化出不同形态的生命。就如霍金在《果壳中的宇宙》中所表达的："我们的宇宙是由一个小小的果壳而来，果壳的量子皱纹里包含着宇宙中所有结构的密码。"

暴胀结束时，能量开始转化为物质粒子，一场轰轰烈烈的创生运动开始，这就是通常所说的宇宙"大爆炸"。

要有光

据《圣经》记载，上帝创造宇宙的第一句话是"要有光"。巧合的是，大爆炸最初创生的就是光子，只不过这些光子并不是人眼能看到的可见光，它们是能量极高、波长极短的伽马射线，物质粒子将从这些光子中生成。

一对高能的光子碰撞，产生一对正反粒子，这过程是可逆的，正反粒子碰撞又湮灭回光子：

光子 + 光子 ⟷ 质子 + 反质子

光子 + 光子 ⟷ 中子 + 反中子

光子 + 光子 ⟷ 电子 + 正电子

光子 + 光子 ⟷ 中微子 + 反中微子

因为质子和中子的能量大，生成它们的光子能量也必须极高，温度最低需要 10 万亿开，这称为阈温。电子的能量低一些，生成它的光子能量可以低一些，但阈温也达59 亿开。

大爆炸启动后，时间每推进两个量级，空间就膨胀一个量级，温度下降一个量级。百万分之一秒后，温度下降到 10 万亿开，这是生成正反质子和中子的阈温，低于这个温度，光子的能量就不能生成质子和中子，正反质子和中子的生成就停止了。

1 秒是物质创生的另一个分水岭。这时宇宙密度已降到每立方厘米大约 1 吨，相当于白矮星的密度，温度约 100 亿开，因为生成正反电子的阈温是 59 亿开，1 秒之后，温度很快降到这个阈温以下，正反电子的生成也停止了。

宇宙大约用了 1 秒多一点的时间，完成了所有基本粒子的创造，这时候宇宙的主要粒子是质子、中子、电子、中微子以及它们的反粒子。

1939 年出版的《物理科学的哲学》里，爱丁顿写道：我相信宇宙中有 15,747,724,136,275,002,577,605,653,961,181,555,468,044,717,914,527,116,709,366,231,425,076,185,631,031,296 个质子和相同数目的电子，这个数为 136×2^{256}，后

来被称为爱丁顿数，也就是说，宇宙中的质子数和电子数在 10^{80} 量级。

最初的核合成

3 分钟是大爆炸的另一个重要时标。这时候，宇宙的温度降至 10 亿度，和多数人的想象不同，宇宙此时的密度已经和地球大气差不多。这时候，原子核的合成开始，核聚变反应把一部分质子和中子聚变成氦原子核，核聚变反应持续了约 1 个小时。

1 小时后，宇宙温度降到 1 亿开，虽然还比较高，但由于密度已经远低于地球大气，粒子碰撞概率大大降低，核合成就结束了。

大爆炸的原初核合成只产生了周期表的前三种元素（氢、氦、锂），即原子量在 5 以内，锂的产量极微小，早期宇宙核合成的最终产品主要是大量的氢原子，在第六号元素碳之前完全终止。

大爆炸 1 小时之后，核合成结束，宇宙中的每一个质子，无论位于原子核内，还是原子核外，都对应着一个电子。带正电的原子核本来可以和电子结合，形成原子——氢原子和氦原子，但此时宇宙的温度对于原子来说太高，在高能光子的轰击下，电子被电离出原子核，处于自由状态。

原子的生成

38 万年是最后一个分水岭，在此之后，宇宙温度降到了 3000 开以下，电子开始和原子核稳定地结合成原子。至此，大爆炸创世的第一阶段完成。其创造的原子主要是氢和氦，其中氢占了约 74%，氦占了约 26%，这些就是以后形成星云、恒星和其他天体的原材料。若干亿年之后，这些氢元素聚集在地球上，参与到我们生命体的构造中，成为我们身体里最多的原子。我们看似年轻的身体，多数原子其实和宇宙同样古老，它们已经在宇宙中旅行了 138 亿年，我们的身体成为它们漫长旅程的短暂一站。（见图 1–1）

早期宇宙的重要创生阶段：

年龄	温度	创生过程
10^{-36} 秒	10^{28} 开	正反粒子创生
0.000001 秒	10^{13} 开	质子中子创生完成
1 秒	10^{10} 开	电子创生基本完成
3 分钟	10^{9} 开	原子核开始合成
1 小时	10^{8} 开	原子核合成结束
38 万年	3×10^{3} 开	中性原子开始形成

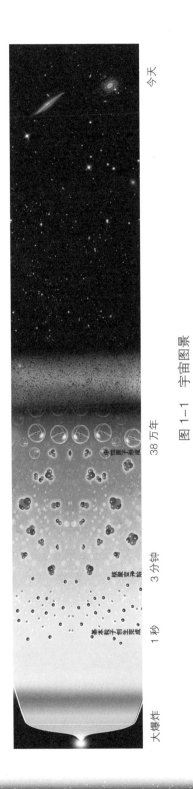

图 1-1 宇宙图景

今天

38 万年

中性原子形成

3 分钟

核聚变开始

1 秒

基本粒子创生完成

大爆炸

反物质在哪里

回顾一下物质的创生，我们会发现一个问题：物质粒子由光子碰撞产生，光子碰撞产生的粒子是一正一反，于是问题来了：我们的宇宙是由一半正物质和一半反物质组成的吗？

让我们用望远镜观测一下宇宙，看看能不能发现有些天体是反物质的？不行，反物质原子结构与正物质原子完全一模一样，它们发出的光子是一模一样的，光子没有正反之分，望远镜根本看不出正反物质的差别。

怎么办呢？其实简单推理一下即可。地球上会不会有大块的反物质存在呢？不可能，如果有，它早就被正物质湮灭了。太阳系内有没有反物质天体呢？不可能，因为太阳表面不停地吹出太阳风，它里面有电子、质子、氦原子核等粒子，太阳风粒子吹到太阳系各个星球上，如果太阳系有反物质星球，就会出现持久且强烈的湮灭现象，反物质天体也早就没有了。

同样的论证可推广到银河系，银河系的恒星际空间里充满稀薄的星际气体，此外还有宇宙射线粒子在飞行，它们不与任何一个恒星相湮灭，这是银河系内没有反物质星体的证据。

进而可以肯定，宇宙没有反物质星系。大爆炸最初创生的正反粒子如同一锅混合均匀的汤，按粒子物理学已有的知识，它们没有任何可能在大尺度上完全分离，由此可以得出的结论是：宇宙是由正物质组成的。

反物质哪里去了？只有一个结果，和正物质湮灭了，因为正反物质粒子相遇会湮灭变回光子。（见图 1-2）

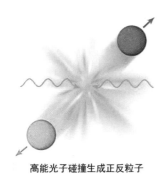
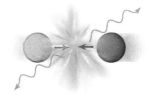

高能光子碰撞生成正反粒子　　　　　　　正反粒子碰撞湮灭回光子

图 1-2　创生与湮灭

既然反物质都和正物质湮灭了，为什么还会有物质形成宇宙呢？只有一种可能，大爆炸最初产生的正反粒子数是不对等的，正物质粒子数要比反物质粒子数多一些，这样当全部反物质粒子与等量的正物质粒子相遇湮灭后，还会剩下一些正物质粒子，正是剩下来的这部分正物质粒子形成了今天的宇宙。

最初的正反物质粒子会相差多少呢？极少，只有十亿分之一。这个数据是怎么来的呢？据天文学家的统计发现，目前宇宙中粒子的密度大约是每立方米 1 个粒子，而光子数大约是粒子数的 10 亿倍，光子由正反物质粒子湮灭而来，由此估算，最初正粒子比反粒子数多了十亿分之一。

不能因为这个偏差很小，就可以想当然地认为是可能的，因为人们在实验室里发现，正反粒子是按照 1 比 1 创生的，至今没有发现过一个破坏守恒的事例。如果正反粒子绝对严格按照 1 比 1 创生，宇宙万物又如何形成呢？

其实，守恒往往是低能级的规律，能级一高，守恒或者对称往往随之出现破缺，比如在化学反应中保持守恒的原子，在高能核聚变中就改变了。在宇宙大爆炸的极早期——创生的 10^{-36} 秒时，能量状态极高——极高温度，极高密度，极高压强，在这样的极端条件下，正反粒子数量出现小小的不对称是很自然的事情，正粒子只是多出了十亿分之一，便造就了我们今天的宇宙。

宇宙开始透明

现在再回到大爆炸的后期——38 万年，也就是电子与原子核结合形成原子的时候。这时候，发生了另一件重要的事情。在此之前，宇宙里温度很高，电子速度很快，原子核束缚不住它们，它们自由穿梭，空间里的电子密度就非常高，光子在运行过程中很容易与自由电子碰撞，一碰撞就被电子散射或吸收，光子能够自由行进的距离很短，这时候的光子是辐射不出来的，宇宙处于不透明状态。

38 万年后，宇宙温度降到了 3000 开以下，电子的速度降低，它们被原子核束缚住，结合成原子，宇宙中自由电子的密度迅速降低，于是光子可以自由行进，宇宙变得透明起来，这叫光子退耦，我们能够看到的最早的光子就来源于这个时候。（见图 1-3）

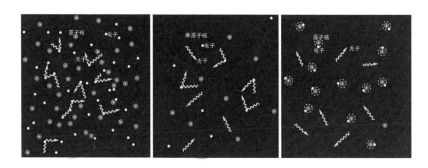

图 1-3　电子密度降低，光子得以自由穿行

此后，宇宙继续膨胀下去，温度也逐渐下降，来自大爆炸的光子孤立地运行在宇宙中，波长随着空间的膨胀而渐渐拉长。100 亿多年后，其中一些光子进入了人类的射电望远镜，成为宇宙的第一缕曙光，也是"大爆炸"138 亿年后的余温。

第2章
袅袅余音

大爆炸过去 138 亿年后，
人类清晰地"听"到了它传来的袅袅余音。

烦人的"噪声"

1962 年，位于美国新泽西州的贝尔电话公司来了两位新人：哥伦比亚大学博士彭齐亚斯和加州理工学院博士威尔逊。那时候无线电技术正迅猛发展，彭齐亚斯和威尔逊设计了一台灵敏度很高的射电望远镜来探测天空。望远镜有一个喇叭形天线，有很强的方向性，当它朝向天空时，地面的无线电干扰影响很小；彭齐亚斯和威尔逊还把接收器放在液氦冷却的环境里，这使天线更加灵敏。

当他们把天线朝向天空时，记录到 6.7 开水平的噪声信号，扣除大气吸收、电阻损耗及残余地面噪声的影响之后，仍然有 3.5 开的噪声信号无法消除。这多余的信号来自哪里呢？他们两个做了大量实验，采取各种手段去消除这噪声，结果都无济于事。

不管彭齐亚斯和威尔逊把天线对着哪个方向，烦人的噪声总挥之不去，他们就想，既然噪声与方向无关，是不是天线本身的问题？他们仔细检查天线，发现里面住了一窝鸽子，弄得里面有很多鸽粪。彭齐亚斯和威尔逊以为找到了根源，他们撵走了鸽子，清除了鸽粪，然而，噪声并没有和鸽子一起飞离。

折腾了一年多时间，天线依然达不到他们理想中的静音状态，这使他们很是沮丧。一天，彭齐亚斯偶然和同行伯克聊起此事，伯克告诉彭齐亚斯，那让他们烦恼透顶的噪声，很可能是普林斯顿大学狄基小组正在寻找的东西。

狄基是一位很有思想的宇宙学家，他既不赞同霍伊尔的稳恒态宇宙，也不完全赞同勒梅特和伽莫夫的大爆炸宇宙，他认为宇宙处在一种膨胀、收缩的循环振荡中，大爆炸只是其中的一环。他也认为当宇宙收缩到极小的状态时，有极高的温度，当宇宙膨胀到今天的时候，整个宇宙会降到很低的温度，和伽莫夫预言的相差不多，大约有几开。

我们来回忆一下大爆炸的末尾。大爆炸 38 万年后，温度降到 3000 开以下，光子能量降低，不足以电离原子，电子和原子核稳定结合，自由电子大量消失，光子可以自由在空间穿行，它们从宇宙各处迸发出来，混沌初开，宇宙重现光明，这就是光子退耦。退耦后的光子，辐射峰值波长为 1 微米，它们形成了最早的宇宙背景辐射。宇宙从那时膨胀到现在，尺度膨胀了 1000 倍，温度下降了 1000 倍，背景辐射的光子波长也增大了 1000 倍，峰值波长从微米膨胀到了毫米波段，就是微波，对应的温度约为 3 开，这就是宇宙微波背景辐射，它是人类能够看到的来自宇宙的第一缕曙光。

狄基等人认为，当时天线的灵敏度应当能够接收到这种辐射，并开始着手研制相应的仪器设备，却被贝尔电话实验室无意中抢了先。

彭齐亚斯和威尔逊随即撰写了一篇只有 600 字的论文：《在 4080 兆赫处天线附加温度的测量》，宣布了他们的成果，发表在 1965 年美国《天体物理杂志》上，并因此获得了 1978 年诺贝尔物理学奖，颁奖决定这样写道：

彭齐亚斯和威尔逊的发现具有根本意义：它使我们能够获得很久以前宇宙创生过程的信息。

为什么说彭齐亚斯和威尔逊接收到的微波信号是来自宇宙大爆炸呢？它符合大爆炸要求的各项特征。

高度的各向同性

来自宇宙大爆炸信号的第一个特征必然是极其均匀——

高度各向同性。微波背景辐射的发现，使"大爆炸"宇宙学迅速走红，天文学家用多种方式来探测这信号，得到的结果是一致的——各个方向完全均匀，这确定了它们必然来自广阔的宇宙背景。道理很简单，如果背景辐射来自太阳系，太阳方向信号会最强；如果来自银河系，银河方向会最强；背景辐射在任何方向都均匀的特征，表明它只能来自整个宇宙背景。

微小的各向异性

来自宇宙大爆炸的信号也不能完全均匀，因为宇宙物质分布在大尺度上虽然很均匀，但并不完全均匀。如果早期宇宙物质能量密度完全均匀，就无法演化出后来的大尺度结构。宇宙早期背景辐射的微小起伏称为各向异性，在地面上完全观测不出来。

为了探测各向异性，1989 年初冬，宇宙微波背景辐射卫星（COBE）发射升空。根据采集到的数据绘制出的宇宙微波背景辐射图像，就像一个宇宙蛋，它显示的是大爆炸结束时——38 万年时的宇宙图像，红色代表温度较高的区域，蓝色代表温度较低的区域，温度的差异终于显现出来，它就代表了最初物质分布的不均匀性。（见图 2-1）

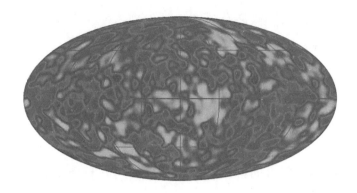

图2-1　COBE卫星的宇宙微波背景辐射的温度起伏（修正了银河辐射）

宇宙大余弦

COBE卫星的图像还体现出了地球在太空中的运动。我们知道，地球围绕着太阳运行，太阳又围绕着银河系中心运行，银河系又在本星系群运动，本星系群又围绕着室女座超星系团运行，室女座超星系团又被吸引向半人马座的沙利普引力体，这些运动造成的最终结果，是地球相对于宇宙背景辐射产生了一个运动。这运动会引起背景辐射强度在两个方向上产生微小变化：迎面而来的前方稍强一点，远离而去的后方会稍弱一些，就像人在无风的雨中奔跑，前胸一定比后背更湿一些。

COBE卫星的观测结果正是如此，它呈现出所谓的"宇宙大余弦"，在天空的某个方向，微波背景辐射稍稍强了一点，那就是地球前进而去的方向，它比地球背离的方向强了 0.5%，由此计算出地球相对宇宙微波背景的运动速度是每秒 600 千米。

更精细的观测

20 世纪初，又有两个更精密的探测器发射升空，它们是威尔金森探测器（WMAP）和普朗克巡天者探测器，都运行在 150 万千米外的第二拉格朗日点上，探测器可以一直背向太阳、月亮和地球，完全指向深空，排除了太阳、地球和月亮的一切干扰。

WMAP 的分辨本领比 COBE 高出 33 倍，它得到的图像被人们形容为"上帝的脸"（见图 2-2）；普朗克巡天者的灵敏度又比 WMAP 高了 10 倍。这些探测结果为大爆炸理论提供了新的支持，使早期宇宙研究进入了更为精确的时代。由于宇宙微波背景辐射的研究，约翰·马瑟和乔治·斯穆特获得了 2006 年诺贝尔物理学奖。

完美的黑体辐射特征

天文学家相信微波背景来自宇宙大爆炸，还有一个最重要的原因，就是这个背景辐射具有完美的黑体辐射特征。

图 2-2 "上帝的脸"——威尔金森号（WMAP）探测到的宇宙微波背景辐射

什么是黑体辐射呢？

物理学上有一个概念——绝对黑体，就是对能量能够100%吸收或发射的物体。理论家们认为，绝对黑体是物理学中的一个理想概念，如同光滑斜面、弹性小球、质点一样，实际上并不存在，即使孤立在太空的太阳也和绝对黑体相差很远。

但是，早期宇宙作为一个整体，是唯一可能存在的绝对黑体。因为在那里，全宇宙的物质都集中在一起，都处于同样的物理条件下，达到了高度的热平衡，而且没有任何"外部"的影响，所以，来自大爆炸早期的辐射必定和黑体辐射极为接近。

绝对黑体有一个很明显的特征，各个波长辐射的能量强度记录下来，是一条光滑的曲线；如果辐射曲线不光滑，就说明它不是绝对黑体。根据 COBE 卫星、威尔金森各向异性探测器、普朗克卫星的探测结果，宇宙微波背景辐射在各个波长的强度值完美地落在黑体辐射应有的光滑曲线上（见图 2-3），这是大爆炸理论最硬的观测证据。当今依然有很多人反对宇宙膨胀和"大爆炸"理论，但宇宙背景的黑体辐射是其他理论根本无法解释的。

　　这个黑体辐射的峰值温度是 2.725 开，和大爆炸理论预言的宇宙背景温度相同，这就是宇宙大爆炸 138 亿年冷却下来后的余温——约 -270℃。

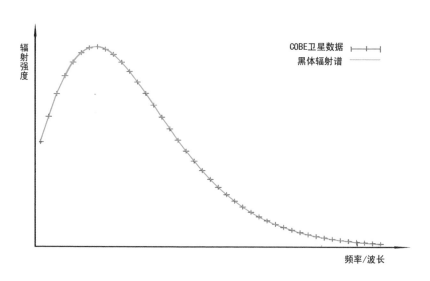

图 2-3　宇宙背景辐射在各个波长的强度值完美地落在了黑体辐射应有的光滑曲线上

　　宇宙有一个猛烈而高温的开端是相当可信的。它导致的结果是，今天的宇宙里充满了大爆炸留下的微波辐射，恰如微波炉中的微波，不过它的烹调温度相当低，比 –270℃还要低一点，这就是今天的宇宙背景温度。背景辐射在宇宙中无处不在，任何普通电视天线都能捕捉到。你将电视机从正常频道调走，就会看到屏幕上全是跳动的白点，听到哔哔的噪音，这些白点和噪音称为天电，其中大约有 1% 就来自宇宙微波背景辐射，它是大爆炸直接播送过来的，传递的是 138 亿年前创世之初的宇宙信息。

第3章
燃烧的群星

大爆炸制造的氢和氦形成恒星,
恒星用核聚变的光芒照亮宇宙。

"大爆炸"是宇宙创生之路的第一阶段,它为宇宙制造出来了氢原子和氦原子,接下来要进入第二个阶段,恒星接力"大爆炸",为宇宙制造出更重的原子来。

恒星照亮太空

大爆炸制造的氢原子和氦原子弥漫在太空中,形成了一团团巨大的气体尘埃云。随着宇宙的膨胀和降温,38万年时迸发出来的光子很快消散开去,宇宙暗淡下来,进入了一个黑暗时代。

大爆炸5.5亿年后,气体云团形成的星系中孕育出了第一批恒星，恒星的光芒驱散由氢原子和氦原子组成的迷雾，重新照亮宇宙太空；大爆炸 9 亿年后，黑暗时代彻底终结，宇宙再一次走向光明，在星系群星的照耀下熠熠生辉。

由氢和氦组成的气体云团散布于星系盘各处，成为一朵朵绚丽的弥漫星云，它们持续为星系孕育出新的恒星。直到今天，银河系每年还会诞生十多颗恒星，它们主要分布在银盘的旋臂里。早在 18 世纪，德国哲学家康德就率先提出恒星由星云演化而来；在现代，天文望远镜可以清晰地看到恒星形成的过程，尤其是红外望远镜，甚至可以深入到星云内部，一窥那些正在形成的恒星的风采。（见图 3-1）

恒星在气体云团中诞生，它们形成后，又用强烈的恒星风把周围剩余的气体吹散出去，使自己的光芒闪耀在太空。因为恒星是在星云中成团孕育的，因而新生成的恒星都位于星团之中，经过久远的年代，一些星团会散开来，形成一个个孤立的恒星。（见图 3-2）

描述恒星的两个主要特征

恒星看上去是密密麻麻的光点，似乎很难理出一个头绪，但天文学家发现，只要两个特征，就能把恒星大致准确地描述出来。

一个是颜色。恒星的颜色从蓝、白，到黄、橙、红都有，

图 3-1　欧洲南方天文台拍摄到了金牛座 HL 恒星及其周围行星形成的惊人细节：恒星盘包围多个同心圆环，相互之间被边界清晰的环缝隔开，毫无疑问，这些同行圆环就是未来的行星。金牛座 HL 是一颗类似太阳的恒星，距离地球大约 450 光年，其年龄不到 100 万年

图 3-2　恒星在气体云团中诞生，它们形成后，又用强烈的恒星风把周围剩余的气体吹散出去，使自己的光芒闪耀在太空。图为 NGC 3603 星云刚刚诞生的一群年轻恒星，从星云中显露出来

为什么会有不同呢？因为它们的温度不同，如同蓝色火焰温度比红色火焰温度高一样，蓝白色恒星的温度也比橙红色恒星的温度高，因为恒星的颜色就是它们表面火焰的颜色。

　　1890 年前后，哈佛大学天文学家根据恒星颜色及其光谱线差异，把恒星分成了 7 个主要类型，依次为 O、B、A、F、G、K、M。其中 O 型和 B 型是蓝色，A 型是白色，F 型是黄白色，G 型黄色，K 型橙色，最冷的 M 型是红色，太阳是一颗黄色的 G 型星。

有人编了一句顺口溜来记忆它们：Oh, Be A Fine Girl/Guy, Kiss Me.（啊，漂亮的姑娘 / 小伙，吻我吧。）

恒星的另一个特征是光度，也就是其真实亮度。夜空里的恒星看上去亮暗不同只是表面现象，因为距离各不相同。天文学家选定 32.6 光年（10 秒差距）作为标准距离，一颗恒星在这个距离上显示的亮度就是它的真实亮度，称为绝对星等。恒星光度相差极大，最亮的恒星比太阳亮百万倍以上，最暗弱的恒星的亮度不到太阳的百万分之一，但明亮的恒星数量极少，太阳的光度超过了 95% 的恒星。

赫罗图

天文学家发现，对于多数恒星来说，其光度和温度存在着对应关系——温度越高的恒星，光度越大。如果以光度为纵坐标，以温度（颜色）为横坐标做一个图，90% 的恒星都会落在从左上到右下的一个序列上，天文学家把这序列称为主序，其上的恒星称为主序星。这个规律最早由丹麦天文学家赫次普龙和美国天文学家罗素发现，称为赫次普龙 – 罗素图，简称赫罗图（见图 3-3）。如同化学中的元素周期表，赫罗图把看起来毫无关系的恒星有机地联系起来。

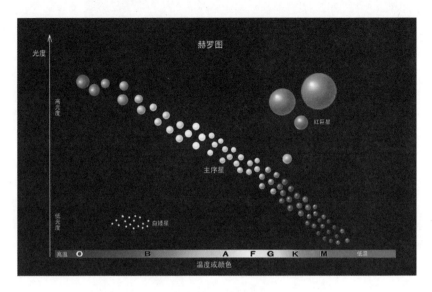

图 3-3　赫罗图

决定恒星的最关键因素

赫罗图主序里的恒星，从左上到右下，随着温度降低，亮度也变暗，表明它们有着共同的发光机制。这些恒星都是处于青壮年时期的恒星，它们通过核心的氢核聚变产生能量。

造成主序星温度和亮度巨大差异的关键因素只有一个——质量。一颗主序星质量越大，它内部压力就越大，核心温度就越高，氢核聚变速度也越快，燃烧得就更猛烈，因而更明亮。这样我们就知道，蓝色的 O 型和 B 型主序星比太阳的质量大，光度高；K 型和 M 型主序星则比太阳的质量小，光度低。

相比体积的巨大差别，恒星质量差别范围小得多，质量最大的恒星，很少会超过太阳的 150 倍，质量太大很容易解体；质量最小的恒星只有太阳质量的 8%，如果质量比这还小，它将永远不能点燃氢核聚变，因而不能成为一颗正常恒星。

质量还决定恒星的寿命。质量越大的恒星燃烧越猛烈，它们快速消耗完燃料而早早熄灭。质量是太阳 4 倍的轩辕十四只能燃烧 1 亿年，质量是太阳八分之一的比邻星，寿命则超过 1 万亿年。

在主序上，质量最大的恒星是最稀少的。最亮的主序星（光谱型 O、B、A）不到银河系恒星总数的 1%；数量最多的主序星是暗弱的 M 型星，就是红矮星，它们尽管又暗又冷又小，数量却超过银河系恒星的 80%，大大超过所有其他类型恒星的总和。

综上所述，恒星的质量是决定其性质的最根本因素，对于主序星，也就是处于青壮年时期的恒星而言，其质量越大：

（1）它们的颜色越蓝；

（2）它们的温度越高；

（3）它们的亮度越大；

（4）它们的寿命越短；

（5）它们的数量越少。

红巨星与白矮星

全体恒星中，除了主序星外，还有少部分不在主序的星，它们组成了赫罗图的另两个小群。位于右上方的一群，温度低，颜色发红，光度很高，称为红巨星；左下方也有一群星，它们温度很高，颜色发白，光度却很低，称为白矮星，它们都是恒星演化的产物，是正常恒星熄灭后留下的残骸。

宇宙炼丹炉

恒星是宇宙的炼丹炉，它们把大爆炸创造的氢和氦聚变成更重的元素，并通过自身的演化，把重元素抛向太空，使宇宙的重元素渐渐丰富起来，为生命的诞生做好准备。这是大爆炸之后的第二次元素创造，是一场轰轰烈烈的天宫大炼金，无论过去、现在还是未来，都持续不断地上演着。

第4章
灰烬与钻石

恒星会锻造出钻石星球，质量是地球的好多万倍。

从恒星到星云

2009 年，哈勃太空望远镜对准天蝎座尾巴附近的深空，拍下了一个编号为 NGC 6302 的星云图像，它像一只色彩斑斓的蝴蝶，称为蝴蝶星云。这只太空巨蝶远在 3800 光年之外，翼展长达 3 光年——约 30 万亿千米。

蝴蝶星云是由一颗恒星蝶化而成。那是一颗质量和太阳相当的恒星，在青壮年时期，它燃烧核心的氢，把氢聚变成氦。当核心区的氢消耗完后，恒星就步入老年，核心开始了氦聚变为碳的反应，而外围原来没有参与聚变的氢这时候被点燃，也开始了聚变为氦的反应，恒星体积因为外围气体的燃烧而迅速膨胀，表面温度则因为体积膨胀而下降，于是恒星演变成一个又红又大的红巨星，体积最终达到太阳的 10 亿倍以上。大约 5000 年前，红巨星的外层气体逸散开来，成为漂亮的星云。

由于恒星在旋转，气体在两极方向逸出的速度要快些，在赤道附近则低许多，于是在两极方向就生出了两个蝴蝶状的翼展结构。

恒星通过蝶化成星云，把自己锻造的重元素抛到太空，丰富了宇宙的重元素。蝴蝶星云翅膀边缘部分，充满了氮元素，其温度相对低一些；接近星云中央的白色区域，则聚集着大量的硫元素。（见图 4-1）

在浩瀚的银河系里，类似蝴蝶星云这样的气体云团还有很多，它们都是恒星晚期以相对平静的方式喷出气体形成的，这类星云被称为行星状星云，其实它们跟行星没有一点儿关系。18 世纪英国天文学家威廉·赫歇尔最早观测到这样的星云，他的望远镜看不到这些星云的细节，它们看起来就像行星那样有一个小小圆面，赫歇尔就给它们取名行星状星云，这名字一直沿用下来。在现代大型天文望远镜里，这些行星状星云呈现出绚丽的色彩和多姿的形态，有的似盛开的鲜花，有的如晶莹的宝石，尽情绽放着恒星最后的美丽。

绚丽的行星状星云只是昙花一现，它们以每秒 10 ~ 30 千米的速度向外扩散，几万年后就会完全散去，彻底融入到银河系的气体尘埃之中。

在星云的中央，往往会留下了一个小小残骸，那是一颗极为致密的白矮星。

图 4-1　蝴蝶星云 NGC 6302，翅膀边缘部分充满了氮元素，接近星
云中央的白色区域富含硫元素

白矮星的传说

行星状星云的灰烬消散在宇宙太空之后，星云中央那个小而致密的残骸显露出来，就是白矮星。关于白矮星的存在，很早就流传着一个神秘的传说。1930 年，两位法国人类学家到非洲马里共和国考察，发现居住在马里南部山区的多冈人，竟然知道有关天狼星的很多秘密。

同许多非洲部落一样，多冈人崇拜并祭祀天狼星，不仅是因为天狼星很明亮，而是因为他们有一个世代相传的说法：天狼星是由一颗大星和一颗小星组成的，人的眼睛看不见小星，它围绕大星运动，50 年转一圈；他们还说，天狼星小星是天空中最小最重的星。尽管多冈人肉眼看不见这颗暗淡的伴星，老人们却能用手杖在地面上划出这两颗星的运行路线和各种图形。

多冈人还说，他们祖辈关于天狼星小星的知识，是一位名叫"偌默"的神传授的。多冈人还保存着一张画，上面清楚地画着，他们信仰的"神"乘坐一艘拖着火焰的大船从天而降，来到他们的部落。

多冈人所说的天狼星小伴星，是 19 世纪中期以后才慢慢被天文学家们发现的。1844 年，德国天文学家贝塞尔注意到天狼星的运动比较奇怪，它不像一般恒星那样沿直线均匀移动，而是波浪般起伏。贝塞尔由此断言，天狼星是一个双星系，它有一个看不见的伴星，波浪般起伏的路线是双星互相绕转的结果。贝塞尔的望远镜太小，看不到那颗恒星，1862 年，美国天文学家克拉克终于在大望远镜里找到了这颗伴星。人们把原来的天狼星称为天狼星 A，天狼星的伴星称为天狼星 B，两星互相绕转的周期正是 50 年。

超级致密的星星

1915 年，威尔逊山天文台的亚当斯测得天狼 B 的表面温度是 25,000 度，远远高于太阳表面的 6000 度。可是，它又很暗弱，亮度只有天狼 A 的万分之一，这说明它的发光面很小，体积很小。经过多次测量，人们发现，天狼星 B 的大小很接近地球，这在恒星当中是非常小的，要知道太阳体积是地球的 130 万倍。天狼星 B 的质量很小吗？根据它和天狼星 A 的引力作用，天文学家们计算出它的质量一点也不轻，和太阳差不多，有三十多万个地球那么重。

很明显，天狼星 B 拥有惊人的密度——像一截粉笔头那么大一块白矮星物质，质量就有 1 吨多，密度是水的一百多万倍！这实在是一个让人惊讶又困惑的星体，爱丁顿在 1927 年写道：

我们透过星光之中的讯息来学习与了解星星。当我们解读了天狼星伴星传来的光讯息之后，我们得到以下的解释：组成这种星体的密度，比你见过的任何材料密度都要高 3000 倍；光是一块小到可以放进火柴盒里的这种星体物质，它的重量就可以超过 1 吨。看到此讯息我们能做何回应？在 1914 年，我们通常只会有一种回应——闭嘴，别尽说些荒唐话。

恒星的熄灭与坍缩

20 世纪 20 年代，量子力学发展起来以后，人们才渐渐明白了白矮星的奥秘。

恒星虽然体积庞大，其实内部相当空虚，因为它的质量都集中在一个很小的核心上，比如太阳的核心有一个日核，体积约为太阳的百分之一，却拥有太阳一半的质量。当恒星膨胀成红巨星，继而成为行星状星云消散以后，它的小小核心还保留了原来恒星的大部分质量。

这个小小的核心，密度是非常大的，因而内部压力也非常大。在恒星正常燃烧的时候，核心产生的热量能够抵御万有引力的挤压，星体可以维持在正常状态，但当恒星的核反应熄灭之后，问题就来了。

恒星那个小小的核心虽然很致密，其实依然是很空虚的。它也由原子核和电子组成，绝大部分质量都集中在原子核里，核外电子只占原子核质量的 1/1836，但它们占据的空间却比原子核大了万亿倍，因此原子核外围的空间非常空旷，电子如幽灵般在空荡荡的区域里出没。

当核反应熄灭，星核温度降低，内部向外膨胀的压力减小，万有引力就占了上风，电子的空间被极大压缩，星体的密度就迅速增大，星体就开始收缩下去，一直收缩到原来体积的万分之一左右。这时候，一个自然法则就开始起作用，阻挡星体继续收缩。

电子在原子核外的运动轨道就像一个个"房间"，每个"房间"最多只能容纳两个电子，这两个电子还必须自旋方向相反。泡利发现的"不相容原理"表明，无论电子多么拥挤，任何已被两个电子占据的"房间"都不能挤进第三个电子，通俗地说，泡利不相容原理拒绝电子"第三者"插足。

通常情况下，这种危险并不存在，因为原子核外很空旷，电子"房间"大多是空的。当恒星熄灭，万有引力开始肆虐，星核体积被压缩到万分之一的时候，电子被驱赶到内部很小的空间里，挤满内层每一个电子房间。这时候，面对强大万有引力的继续挤压，一对对电子情不自禁地高速战栗，甚至接近光速，这产生了极大的电子简并的力量，阻止了第三者的入侵，也阻止了星体继续塌缩，白矮星由此形成。

白矮星是强大万有引力和电子简并力的平衡。假如把1立方厘米的白矮星物质瞬间转移到地球表面，失去万有引力的压缩，这些被极度压缩的物质就会瞬间膨胀几亿倍，发出耀眼的光芒和强烈的辐射，类似一个小型原子弹爆炸。

电子简并虽然能够产生极大的抵抗压力，但这时候它们几乎已经用尽了力量的极限。如果这时候白矮星的质量继续增加，电子还能支撑住吗？会最终妥协以至于让"第三者"插足吗？年轻的钱德拉塞卡对这个问题着了迷。

钱德拉塞卡极限

1930 年，19 岁的钱德拉塞卡在印度完成了大学课程，被剑桥大学录取为研究生。7 月，钱德拉塞卡登上了大英帝国的轮船，驶向福勒和爱丁顿的家乡，大海的单调使钱德拉塞卡安静地思考，奇异的天狼星 B 使他着迷。

钱德拉塞卡的头脑里浮现着白矮星的种种疑问。白矮星由于密度很大，电子已经被挤压到很小的房间格子里，其运动速度已经接近光速，如果此时白矮星的质量再大一些，万有引力就会再强一些，星体就会被再压缩一点，电子的速度就会更快。

钱德拉塞卡认识到，假如电子接近光速运动，那么它的速度是没有办法增得更高的，否则就将超过光速了，这意味着白矮星的质量不能太大，它必然有一个上限，超过这个上限，电子的简并压力也不能支撑起星体，同时电子也不会苟同"第三者"插足，那是自然的法则，不能违背。这样，白矮星必然要崩溃并继续坍缩下去。在轮船上的最后几天，钱德拉塞卡计算出，白矮星的质量不能超过 1.44 倍太阳质量。

钱德拉塞卡有关白矮星质量上限的文章几经周折，才得以在美国的《天体物理学》杂志上发表，那已经是一年之后的事了。天文界对这篇论文并没什么反应，似乎没有人感兴趣，实际上没有多少人能理解。钱德拉塞卡为了完成博士学位，只好转到别的更容易被接受的研究上去。

1934 年，钱德拉塞卡完成了博士学位的学习，转回来对白矮星进行了更细致的研究。他研究了各种不同的白矮星，结果发现它们都有 1.44 倍太阳质量的上限。钱德拉塞卡感到无比幸福和自豪，他获得了向英国皇家天文学会报告自己成果的机会，时间是在 1935 年 1 月 11 日。

钱德拉塞卡怀着激动的心情，报告了自己的发现，特别强调了白矮星 1.44 倍太阳质量的上限。他虽然自我感觉完美，但心中依然忐忑，等待着权威的裁决。

权威是爱丁顿，那个时代当之无愧的白矮星专家，在白矮星没有被证实之前最早接受了它的存在，并且在 1924 年根据广义相对论预言天狼B的光线会产生引力红移，1925 年被观测证实。但爱丁顿的表现让人惊诧，他不仅对报告表示强烈反对，还当众撕毁了钱德拉塞卡的论文，钱德拉塞卡瞬间感到透心凉。

那时候，爱丁顿是英国天文界的伟人，来自全世界的天文学家都满怀敬意地听他讲话。显然，如果爱丁顿认为钱德拉塞卡错了，那么钱德拉塞卡一定错了。会后，科学家一个个走到呆若木鸡的钱德拉塞卡跟前安慰他，其中一人对钱德拉塞卡说："我知道爱丁顿是对的，尽管不知道为什么。"

是啊，白矮星本身已经太不可思议了，科学界还没有理解好它，对于钱德拉塞卡的质量上限确实需要时间慢慢消化。保守的英国科学界接受不了钱德拉塞卡，他只好来到美国。在那里，他的才能得以发挥，还兼任《天体物理学》杂志主编长达 20 年之久，使该杂志成为世界上最权威的专业期刊之一。

多年以后，科学界不但接受了白矮星的质量上限，还接受了更加奇异的中子星、黑洞的存在。1983 年 10 月 19 日，钱德拉塞卡获得了诺贝尔物理学奖，这一天正是他 73 岁生日。"1.44"这个数字成为诺贝尔奖历史上最简单的获奖数字，钱德拉塞卡在颁奖仪式上发表演说，最后一句便是"简单是真理的标志，美是真理的光辉"。

钻石星球

由于没有热核反应来提供新能量，白矮星会渐渐冷却下来，冷却过程非常缓慢，往往需要数十亿年时间。随着温度降低，组成白矮星的碳原子核运动速度也越来越慢，最后被固定在一个个晶格之中，结成一个巨大的晶体，一颗无比硕大的钻石。2005 年情人节前夕，一个国际联合小组经过 8 年多的观测研究，宣布发现半人马座中一颗暗淡的白矮星 BPM 37093，核心确已结晶，形成了一个直径 3000 千米的钻石内核（见图 4-2），质量是 2270 亿亿亿吨，相当于 38 万个地球重，换算成人类计量钻石的单位，就是 10,000,000,000,000,000,000,000,000,000,000 克拉。作为对比，镶嵌在英皇王冠的价值连城的"库里南 2 号"钻石，重达 317.4 克拉（见图 4-3）。

　　在银河系里，目前大约有 10% 的恒星是白矮星。最终，我们的宇宙会遍布钻石星球。

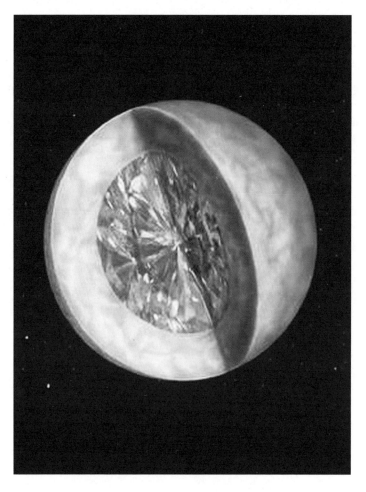

图 4-2　钻石星球

图 4-3　价值连城的大英帝国王冠上的钻石

第5章
超级爆发

我们身体中的大多数元素，由超新星爆发制造出来。

辉煌的缔造者

一个像银河系这样的星系有几千亿颗恒星，然而使星系显得辉煌灿烂的，只是其中极少一部分大质量恒星，尤其是明亮的蓝色、蓝白色超巨星，这些恒星占的比例不到总数的1%，但如果没有它们，星系将黯然失色。大质量恒星的作用当然不仅仅是照亮星系，在创造重元素的过程中更是厥功至伟，它们效率极高，用的时间短得多，生产的元素品种却多得多。

太阳其实也是恒星中的佼佼者，它的质量超过了银河系里90%的恒星，可是在天文学家眼里，它只能算是一颗普通恒星。恒星质量大小是按核反应的级别划分的，像太阳这样的恒星，甚至再大一些的恒星，中央聚变反应能够一直平稳地进行下去，直到核心成为一个以碳为主的核。恒星演化到末期，先是膨胀为一颗红色的巨星，然后再把外围的气体推开去，成为一个行星状星云，最后星云消散开去，碳核显露出来，成为一颗白矮星。这样恒星的一生，虽然也算辉煌，却相对平静，甚至有些平淡无奇。与之相比，极少数大质量恒星的一生可谓是惊天动地。

猛烈的核聚变

初始质量超过 8.5 倍太阳的恒星才是真正的大质量恒星，它们是恒星中的巨鲸，其燃烧过程极为惊心动魄。核聚变同样是从核心区的氢元素开始，由于核燃料充足，燃烧得极为猛烈，发出蓝色或者蓝白色的火焰。

由于总质量很大，核心温度足够高，核聚变反应可以一直推进下去，先是氢聚变成氦，紧接着是氦聚变成碳，然后是碳聚变成氧……同时，核聚变逐渐向外层推进，在多个层次同时进行。此时的恒星就像一个洋葱：氢在最外层燃烧，氦在较深一层燃烧，碳在更深一层燃烧，氖又在更深一层燃烧，氧又在更深一层燃烧，最后是硅和硫在恒星核心中燃烧（见图 5-1）。核聚变的炉火越烧越旺，越烧越快，恒星成为宇宙太空极为明亮的超级巨星。

恒星的质量越大，核反应推进得越快，寿命就越短。一颗质量为太阳 25 倍的恒星，氢燃烧持续的时间是 700 万年，

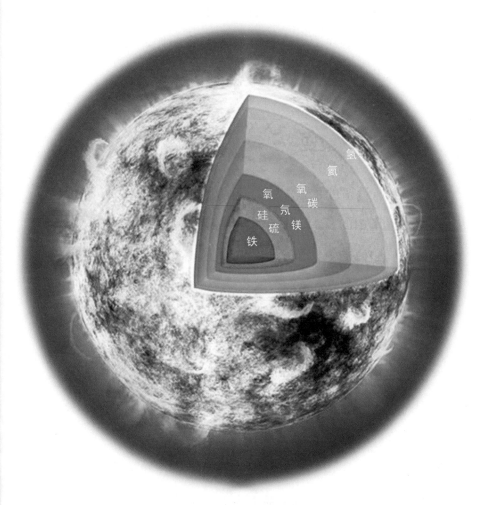

图 5-1　恒星核聚变示意图

氢燃烧的时间是 50 万年，碳燃烧的时间是 600 年，氧燃烧是 1 个月，硅燃烧只能持续 1 天，然后末日来临。

最后的瞬间

恒星核心聚变出的最终元素是原子量为 56 的铁和镍，这时候热核反应达到了极致，核心温度达到 40 亿度。铁和镍无法再次聚变，它们的聚变不能产生热量，反而会吸收热量，于是核聚变戛然而止。

在核心的极高温度下，光子以很高的能量穿入铁镍原子核中，使恒星辛苦一生锻造的铁镍原子核瞬间碎裂为质子和中子，带正电的质子又被电子高速碰撞并结合在一起变成中子，恒星核心最终变成了一个巨大的中子核。

这个过程会释放出大量的中微子。中微子是一种很微小而不带电的中性粒子，穿透力极强，能够以接近光的速度轻松从恒星核心逃逸出去。中微子的逃逸带走了大量能量，使得内部压力骤然降低，星核迅速塌缩，这称为暴缩。同时，外层物质以超过每秒 4 万千米的速度塌缩下来，猛烈撞击中子核并极速反弹，与正在下落的物质猛烈碰撞，形成强大的冲击波，一瞬间，恒星被炸成齑粉，能量的暴风扫过天宇，成为无比壮烈无比辉煌的超新星，这是 Ⅱ 型超新星爆发。

Ⅱ型超新星与氧等元素的制造

Ⅱ型超新星爆发时，由铁构成的星体较里边的部分变成中子星或黑洞，所以这部分物质永远不能进入星际空间。但是，恒星包层里比铁轻的多种元素则能自由进入太空，尤其是包层中有大量的氧，因此，一个大质量恒星爆发能够生产出大量的氧。由于恒星核心聚变产生的铁镍核最后都碎裂为中子，因此这种超新星爆发只能制造出少量的铁，还是在爆发过程中制造的。

1987年大麦哲伦星系爆发的超新星，给这个星系提供了大约1.6个太阳质量（53万个地球质量）的氧和仅仅0.075个太阳质量（2.5万个地球质量）的铁。

由于大质量恒星只能存活几百万年，所以在大爆炸约5亿年后，宇宙开始诞生第一批恒星之时，几乎立即就爆发了大量这类超新星，它们迅速把氧元素布散到星系中。因此，即使再古老的恒星，也有很高的氧含量，天文学家找不到只含有氢和氦两种大爆炸元素的原初恒星。

氧能迅速进入星系，这一点在1992年得到生动的证明。这一年，天文学家观测了猎户座星云中的新生恒星。这些星的年龄差别只有800万岁，但最年轻恒星的氧比最年老恒星多40%，说明仅仅800万年的时间内，就有大量超新星爆发，给猎户座星云制造了大量的氧。

大质量恒星的核聚变到铁为止，但比铁重的元素还有几十种，它们大多是在超新星爆发的短暂瞬间制造出来的。超新星爆发时，核心有中子流快速辐射出来，轰击星球外围的原子核，使得原子核聚变增大，轰击持续进行，聚变就会在极短时间内一直推进到底，于是造就了金、银、铂等各种各样的重元素。

Ia 型超新星与铁等元素的制造

铁在宇宙中含量很丰富，II 型超新星却只能生产出少量的铁，大多数铁原子来自另一类被称为 Ia 型的超新星，就是白矮星质量超过钱德拉塞卡极限时的大爆发。

白矮星的质量上限是 1.44 倍太阳。观测到的白矮星很多，平均质量仅 0.55 ~ 0.60 倍太阳质量，远低于极限。但如果一颗白矮星绕另一颗恒星运动，二者形成密近双星，白矮星的引力就能从后者身上抓取物质，使自身质量增加，最终逼近钱德拉塞卡极限，引发碳元素的失控核聚变，形成 Ia 型超新星。

白矮星失控核反应的最后产品是铁，这些铁原子可以自由进入星系，残存的星骸没有能力抓住它们。一颗 Ia 型超新星可以生产出大约 0.6 倍太阳质量的铁，这对于只有 1.44 倍太阳质量的恒星来说极为可观，相当于为太空造就了一个 20

万个地球重的铁矿。爆发也释放了白矮星中的一部分氧，仅约 4 万多个地球重。（见图 5-2）

历史上的著名超新星

像银河系这样庞大的星系，大约 1 个世纪会爆发一次超新星，人类历史上记载下来的有 6 颗，其中有 3 颗是 Ia 型超新星。

超新星 1006

1006 年 5 月 1 日，位于半人马座旁边的豺狼座方向爆发一颗超新星，这是有史以来人们记录到的视亮度最高的超新星。豺狼座在南半球，从北半球中纬度地区看去，超新星出现在南方很低的天空，每晚出现的时间只有四五个小时，但其奇异的亮度还是引起了全世界关注的目光，它的光芒超过了全天最亮星——金星。法国一个修道院的僧侣这样写道："在南方天空隐秘的边界，它看起来似乎一成不变地存在了 3 个月，超越了天空中能看见的所有星。"

宋朝天文官周克明，为此从广东回到开封，在 5 月 30 日向宋神宗报告这颗黄色明亮大星。占星书上记载有一种祥瑞的"周伯星"，"其色金黄，其光煌煌"，"所见之国，太平而昌"，出现在豺狼座的这颗新星符合周伯星的所有特点。周克

图 5-2　Ia 型超新星爆发模型（版权：NASA）

明奏报说，这颗明亮的新星会给国家带来吉祥好运，群臣也都随声附和，然而大臣张知白却对皇帝说，国家的运气和周伯星的出现没有什么关系，国君修养德行顺应天意才是要旨。宋神宗认为张知白忠诚正直，升任他为右司谏。

SN1006 超新星被认为是一颗 Ia 型超新星。它形成的气体云遗迹距离地球 7200 光年，尺度已达 60 光年，目前仍以每小时约 1 千万千米的速度四散膨胀着。

超新星 1572

1572 年 11 月 11 日，仙后座爆发了一颗超新星，第谷详尽地把它记录下来：

晚饭前……当我边走边注意天空的时候……我突然直接看到了头顶上的一颗星，它一闪而过的光芒刺激了我的眼睛。出于惊奇或者麻木，我呆呆地站在那儿，我的眼睛凝视那里很长一段时间，注意到这颗星靠近古老的仙后座。当我满意地告诉自己之前没有人看到这样的星星的时候，我开始被这难以置信的事实迷惑，我开始怀疑自己的眼睛。我转向陪同我的佣人，我问他们是否也看到了这颗星……他们马上异口同声地说他们完全看到了它，而且它很亮……我仍然对这件事的传奇性感到迷惑，我询问了一些恰巧乘着马车通过这里的人是否也看到了这颗星。事实上他们都大声地说他们看到了那颗巨大的星星，之前没有人注意到它。

第谷超新星也被认为是一颗 Ia 型超新星，其遗迹距离地球 12,000 光年。天文学家在遗迹中心附近发现了一颗极高速度运行的恒星，它就是当初围绕那个白矮星运行的伴星。当时这两颗恒星相距只有日地距离的 1/15，如此近距离的超新星爆发，只是剥离了伴星身上的一小部分物质，这说明恒星本身是相当顽强的，不会轻易被毁灭，不过它因为受到了巨大的冲击力，运行速度大大加快。

第谷超新星遗迹中存在一个弓形激波，它是超新星爆发的强大冲击力剥离其伴星物质形成的。激波后面还有一个暗区，这是超新星冲击波爆发而来时，由于星体阻挡而形成的屏障区。

图 5-3 模拟了超新星爆发和弓形激波的形成原理，弓形激波证明了 Ia 型超新星模型的可信度。

超新星 1604

1604 年 10 月 9 日，蛇夫座方向爆发了一颗超新星。开普勒对它进行了详细观察，直到该超新星 1606 年彻底消失。开普勒还写了一本名为《蛇夫座足部的新星》的书，巨细无遗地记录此事，这颗超新星因此又称为开普勒超新星。

开普勒超新星的遗迹距地球约 13,000 光年。天文学家在

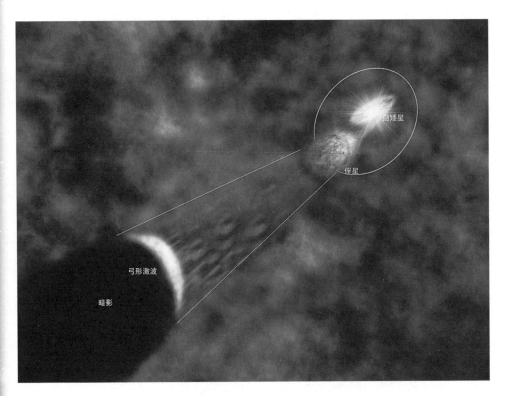

图 5-3　超新星爆发和弓形激波的形成原理模拟图

整个电磁波段探测了这个不断扩张的超新星遗迹，确信该超新星也是一颗 Ia 型超新星，因为在超新星遗迹里发现了大量铁元素，符合 Ia 型超新星理论模型的预言。

开普勒超新星是人类肉眼看到的时间上最近的一颗银河系超新星，从那时起直到现在，银河系再也没有记录到肉眼可见的超新星。按照概率，下一颗银河系超新星随时有可能出现在天空。

现代人目睹的超新星

1987 年 2 月 23 日夜，加拿大天文学家谢尔顿正在智利安第斯山上的拉斯坎珀纳斯天文台工作，他的智利籍夜间助手在户外走了一会儿，漫不经心地瞭望黑暗的夜空。由于熟悉星空，他很快注意到一件不寻常的事：在大麦哲伦云边上出现了一颗星，大约相当于北极星的亮度。这让他大为惊讶，因为那个位置本没有星星！他很快意识到，那是一颗刚刚爆发的超新星！消息闪电般传遍整个世界，这是现代人肉眼看到的第一颗超新星，也是自 1604 开普勒超新星以来第一颗肉眼可见的超新星，但它不在银河系内，而是在邻近的大麦哲伦星系内，它被称为超新星 1987A。

目视发现超新星之后几个小时，澳大利亚天文学家已经在大麦哲伦云的上百亿颗恒星中证认出哪一颗恒星发生了爆发，那是一颗蓝色超巨星，质量约是太阳的 20 倍，光度相当于 10 万个太阳。

　　超新星 1987A 遗迹有着奇异的环状结构：两个大而暗淡的外环，一个明亮的内环，它们都是爆发之前的恒星形成的。虽然超新星早已变暗，但气体内环却越来越明亮，如同一串灿烂夺目的钻石项链（见图 5-4）。这是因为超新星的激波撞击到了内环，激发气体发光所致。未来激波将穿越内环，抵达外环，那时候外环也将渐渐明亮起来。

　　凤凰涅槃，死而新生。一颗大质量恒星的死亡形成了光耀寰宇的超级爆发，大大地丰富了宇宙的重元素，为宇宙生命的诞生奠定了基础。除此之外，它们通常会还制造出宇宙中最为奇异而不可思议的天体——中子星或者黑洞。

图 5-4　超新星 1987A 的爆发（版权：NASA）

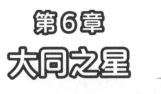

第6章
大同之星

消除了元素差异的这种星球，
密度竟达1立方厘米1亿吨！

"小绿人"的呼唤

1967年8月的一天，英国剑桥大学24岁的女博士研究生贝尔忽然发现，半夜时分，狐狸座方向传来了非常规则的射电信号——脉冲信号。这信号是谁发出的呢？当时英国正流行一本有关外星人的科幻小说，其中描写的外星人身材矮小，皮肤是绿色的——可以直接进行光合作用，这些小绿人科技发达，能够进行无线电通信。狐狸座方向传来的规则射电信号，会不会和小绿人有关呢？贝尔和她的导师就把那个脉冲命名为小绿人1号，贝尔还幽默地写道："我在这儿搞一项新技术来拿博士学位，可一帮傻乎乎的小绿人却选择了我的天线和我的频率来和我通信。"

贝尔发现的脉冲信号究竟是怎么回事呢？

20世纪60年代的时候，射电天文学发展起来，天文学家利用雷达技术接收天空中的射电波，尤其是一种看起来类似恒星的射电发射源——类星体，很快成为射电天文学研究的热门。英国剑桥大学的休伊什设计了一个射电望远镜阵研究类星体，这个射电望远镜阵列占地面积30亩，看起来很简陋，就像一排排晾衣架，由2084个单元组成，摆成一个长方形矩阵。

由于经费限制，休伊什不得不在记录仪器部分节省，没有使用那时还极为昂贵的计算机，而是采用老式的纸带记录射电信号。这样，每天观测下来的纸带长达30米，分析处理资料的任务关键而且艰巨，这任务就落到了贝尔身上。

真是无心插柳柳成荫。休伊什的射电望远镜阵列1967年7月投入使用，到8月就有了发现，并不是原计划研究的类星体，而是令人奇怪的规则脉冲信号。这个射电信号非常有规律，每隔1.337秒跳动一次。无疑，它来自一个会发射脉冲信号的星体——脉冲星，一种全新的奇异星球。

脉冲星的发现是一个重大事件，它为天文学打开了一个崭新领域。1974年，瑞典诺贝尔奖评审委员会把当年的物理学奖授予休伊什，研究生贝尔与诺奖无缘，包括霍伊尔在内的不少人提出了抗议，后来人们在提到脉冲星的发现时总忘不了她的功劳。

贝尔在大学期间喜欢上了天文学，立志做一名天文学家。

大学毕业后她首先申请到英国著名的射电天文台焦德雷尔班克工作，天文台的工作人员却把她的申请书弄丢了，贝尔只好改去剑桥大学攻读研究生。分析射电望远镜接收到的射电信号是非常枯燥乏味的工作，没有献身科学的精神和兢兢业业的态度是绝对不会成功的。事实上，在贝尔发现脉冲信号的同时，她原来申请想去的焦德雷尔班克天文台也接收到了这信号，可惜无人理会那些数据。

脉冲星的信号很独特，它们有两个明显的共同特点：

一是脉冲周期非常准确。就拿贝尔发现的第一颗脉冲星来说，周期是 1.33730119227 秒，准确到小数点后面 11 位，也就是千亿分之一秒。所有脉冲星周期都这样准确，有的甚至精确到百万亿分之一秒。

二是脉冲周期都很短，一般只有 1 秒左右，最长的也不过几秒。1968 年 11 月 9 日，两位美国天文学家利用阿雷西博 305 米射电望远镜，对准金牛座金牛尖附近的蟹状星云，探测到蟹状星云里隐藏着一颗脉冲星，周期是 0.03309756505419 秒，即 1 秒钟变化 30 个周期。1982 年 9 月，希纳·库卡尼利用阿雷西博 305 米射电望远镜，发现了一颗周期为 1.56 毫秒的脉冲星，1 秒钟变化 641 个周期。

这些脉冲星信号，其实来自快速旋转的中子星，它们是超新星爆发形成的一种极为特殊的星体。

中子星的形成

我们来回忆一下大质量恒星核聚变的最后时光。

大质量恒星的核聚变到铁为止，这时其核心温度达到 40 亿度，光子在这温度下能量极高，它们快速穿入铁原子核，使恒星花费数百万年一步步合成来的铁原子核瞬间碎裂回中子，恒星核心也瞬间变成了一个由中子组成的球。

中子核的温度高达千亿度，是太阳核心温度的 6000 倍以上，这么高的热量需要释放出来，星体才能稳定。恰好，生成中子的过程产生了大量中微子，它们凭借极强的穿透力迅速逃离中子核，形成持续约 10 秒的中微子暴，带走了中子核大部分能量。紧接着超新星爆发，把外围的物质快速抛出，中子核显露出来——一颗小而致密的中子星。

在白矮星里，电子被压缩到极小的范围，它们以极高速运动产生的简并力抵御万有引力的强大压力。到了中子星，电子被彻底压进了原子核，一个个挨在一起的中子简并力量抗衡着万有引力。中子挨在一起的密度就是原子核的密度，它比白矮星的密度差不多大了 1 亿倍，每立方厘米重达上亿吨！一个比太阳还重的中子星，直径只有 10 多千米，这是宇宙中最小的一类恒星。

假如把 1 立方厘米的中子星物质拿到地球上，它的重量需要 1 万艘万吨轮船来承载。不过，这样一块中子星物质永远也到不了地球，因为维持中子星的超高密度需要极大压力——只有在中子星上才能存在中子星物质，只有在白矮星上才能存在白矮星物质。假如瞬间把 1 立方厘米的中子星物质转移到地球上，它将迅速爆炸开来，释放的能量相当于爆炸 10 亿颗氢原子弹，地球也就瞬间毁灭。

白矮星和中子星都是恒星演化出的奇异星体。白矮星虽然密度大，组成它的原子核还各自保留着原来的面貌，碳还是碳，氧还是氧，金还是金，银还是银，只是密度更大而已。到了中子星，组成星体的原子核已不复存在，都变成了没有差别的中子。如果把白矮星比作一个虽然很富裕但依然有贫富差别的小康社会的话，中子星就是一个实实在在的大同社会，一个基本消灭了元素差别的大同之星。

白矮星的概念刚出现的时候，它那每立方厘米 1 吨的密度就让人们感到荒唐不已，中子星这样玄之又玄的概念，在 20 世纪 30 年代出现的时候，天文界没有多少人信以为真。贝尔无意中接收到神秘"小绿人"的脉冲信号，最终证实了中子星的存在。

脉冲信号与中子星

凭什么断定这些脉冲信号来自中子星呢？

脉冲信号实质就是星光强度周期性变化，脉冲星的信号特点是周期极其稳定，脉冲频率很快。分析起来有三种情形可以导致星光强度周期变化：

第一，双星系统的绕转，如果一颗星周期性地遮挡另一颗星，它们的辐射就会呈现周期性变化。很明显，双星绕转的周期不可能达到几秒钟，所以脉冲信号不可能来自绕转的双星。

第二，星体自身脉动，恒星一会儿膨胀，一会儿收缩，从而导致其亮度周期性变化，比如造父变星。同样，星体脉动周期也不可能太快，最快也要几个小时。所以，脉冲信号不可能来自脉动变星。

第三，星体自转，如果星体表面亮度不均匀，比如某个地方更亮一些，星体自转就会导致其亮度呈现周期性变化。

天体都在旋转，但极快速的旋转可不是一般天体能做到的。比如地球，旋转一周近 24 小时，如果它几秒钟转一周，就会立即碎裂开来。一个星球旋转的速度越快，这个星球就必须越致密。在已知恒星中，白矮星算是极为致密的，每立方厘米重达 1 吨以上，即便如此，它的自转周期最快只能达 1 秒，短于 1 秒也要碎裂。蟹状星云里的脉冲星，1 秒钟能够旋转 33 圈；一些毫秒级的脉冲星，1 秒钟能够旋转好几百圈。

算来算去，只有更致密的中子星才能如此快速旋转，几十万倍于地球质量的中子星，直径只有十来千米，体积是地球的十亿分之一，太致密了。基于此，天文学家相信，脉冲星不是别的，就是快速旋转的中子星。

中子星为什么能够旋转那么快呢？

所有天体都在旋转，中子星的前身星也不例外。旋转的物体角动量要守恒，旋转物体的半径变小，转速就会加快，就像花样滑冰运动员在做旋转动作时，如果突然蜷缩起身体，转速就必然加快。恒星形成中子星，半径急剧压缩，自转速度必然相应加快，就有了极高的旋转速度。

灯塔模型与脉冲信号

一个快速旋转的中子星，辐射的信号为什么成了一个个的脉冲呢？天文学家们用灯塔模型来解释。我们知道，地球有一个自转轴，还有一个磁轴，它的自转轴和磁轴并不完全重合，中子星也有一个磁轴和自转轴，也不是重合的。

中子星有非常强大的磁场，它来自原来恒星的磁场，强度则随着星体缩小而增强了万亿倍。中子星在高速旋转时，能量集中从磁轴两极辐射出来，形成了两个射束，就像灯塔一样（见图6-1）。中子星每旋转一圈，就会有一束辐射扫过太空。如果射束恰好扫过地球，地球上就可以接收到它的脉冲信号；如果射束角度不合适，扫不到地球上，地球人就接收不到它的脉冲信号了。

图 6-1　中子星脉冲信号的形成

从天关客星到蟹状星云脉冲星

超新星爆发形成中子星，历史上有一个完整的观测链，可以确认这一点。

时间回溯到 1054 年 7 月 4 日，凌晨 4 点钟左右，金牛星座从东方升起，长长的牛角斜插向东北地平线，牛角尖是一颗叫天关的星（见图 6-2）。宋代的宫廷天文学家惊讶地发现，天关星附近，出现了一颗明亮的新星，芒角四出，颜色白中

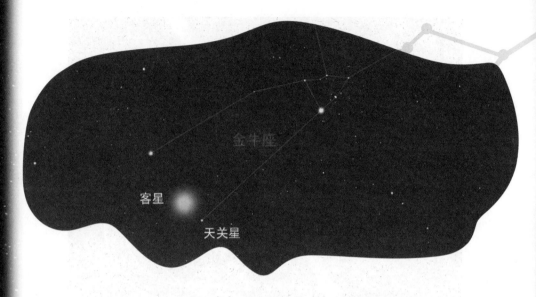

图 6-2 1054 年 7 月 4 日天象

泛红。是太白金星升起来了吗？不会，这一段时间金星出现在傍晚的西方天空。司天监们对星空太熟悉了，这不是他们所知的任何一颗星，那是星空里新来的客人——客星。这是一个极其重大的天象，司天监们忠实地记载下来：

　　至和元年五月，晨出东方，守天关，昼见如太白，芒角四出，色赤白，凡见二十三日。（《宋会要》）

　　客星最后从夜空里消失的日期是 1056 年 4 月 6 日，它在星空里出现了 643 天，宋代的天文官员们完全不明白宇宙太空里发生了什么样的事情。

1758 年，法国天文学家梅西耶通过望远镜在金牛座的牛角尖（天关星）附近，发现了一个小小的云雾状白斑，他把这个星云记载下来，这就是 M1。

1845 年，英国天文学家罗斯伯爵花费 10 年艰辛劳动和 3 万英镑巨资，建成了一架口径 1.8 米的反射望远镜，并连续多年对 M1 进行观测，还给它取名"蟹状星云"。

20 世纪 20 年代，哈勃发现星空里的这只螃蟹正在长大。根据其膨胀速度可以推断出，蟹状星云应该来自 900 年前的一次超新星爆发——1054 年天关客星。

蟹状星云的距离是 6500 光年，也就是说，超新星实际上爆发于 7400 多年前，那时的地球生命对这一震彻寰宇的恒星爆炸不会有任何觉察。超新星的光芒长途跋涉了 6500 光年的空间，这期间地球上经历了沧海桑田的变化，从原始的洪荒变成了清明上河的繁华，超新星的光芒才出现在宋代人的眼里。

天关客星爆发形成的中子星，1 秒钟旋转 30 圈，发出周期为 0.03309756505419 秒的脉冲信号，这信号虽然也在 1054 年到达地球，但地球人根本毫无察觉，直到 1968 年 11 月 9 日才首次被阿雷西博 305 米射电望远镜接收到。到了 21 世纪初，隐藏在星云中央的脉冲星的神秘魅影，最终在哈勃太空望远镜的视场里呈现出来。

2016 年 7 月，NASA 发布哈勃太空望远镜拍摄的一张蟹状星云中心的照片（见图 6-3），涟漪的中央就是那颗每秒旋转 30 圈的中子星，那是蟹状星云急速跳动的心脏。在它的推动下，蟹状星云发出了 10 万倍于太阳的辐射。

图 6-3　蟹状星云

从 1054 年天关客星到蟹状星云，再到它中央的脉冲星，超新星爆发及其结局有了一个完美的样品，大质量恒星的演化图景，清晰而可信。

中子星是靠中子一个个挨在一起的简并力量与强大的万有引力抗衡，形成了不可思议的极大密度。如果中子继续增

大质量，中子的简并力量也难以支撑星体重量，万有引力将
成为最终的胜利者，中子星将会在瞬间坍缩，形成一个更为
神奇的天体——黑洞。

第7章
空无之境

看似不停吞噬，其实里面空空如也。

恒星的三种结局

现代天体物理学的理论模拟表明，恒星演化的最后归宿，除了有某些超新星彻底炸为齑粉完全化为一片星云之外，其余的只有三种情况（见图7-1）：

（1）白矮星。如果恒星最后留下的残骸质量不大，将形成一颗白矮星；

（2）中子星。如果残骸质量超过白矮星质量上限，将坍缩为中子星；

（3）黑洞。如果残骸质量超过中子星质量上限，将继续坍缩为一个黑洞。

中子星的质量上限称为奥本海默极限，它的数值没有白矮星的钱德拉塞卡极限——1.44那么精确，可能是1.5至3倍太阳质量之间的任何值，理论家们对这个领域还没有摸透。

图 7-1　恒星三种结局示意图

当中子星质量超过奥本海默极限的时候，万有引力变得如此强大，没有任何已知的物质力量能够抵挡住它的压力，中子星碎裂开来，所有物质被压向星球中心，继而消失于无形，天体形成一个黑洞。

并非致密星

黑洞最早来自广义相对论的预言。1915 年，爱因斯坦广义相对论刚刚发表，德国天文学家卡尔·史瓦西就发现，按照广义相对论对空间弯曲的解释，如果天体质量压缩到某一半径范围内——史瓦西半径，它周围的空间就会如此弯曲，以至于它会自我封闭起来。其后果是，任何物质——即使跑得最快的光，都不能从里面逃出来——它成了一个黑洞！对于太阳质量的天体，史瓦西半径是 2.95 千米，如果有外力能把太阳压缩到这个半径以内，太阳就成了一个黑洞。

爱因斯坦对史瓦西的才华非常敬佩。那一年正值第一次世界大战，史瓦西应征入伍，与俄国军队作战，不幸阵亡，时年 43 岁。爱因斯坦在为史瓦西写的悼词中说："这位有高度才能、学问渊博的科学家的早逝，不仅是我们，也是天文学界和物理学界所有朋友们的损失。"但其实爱因斯坦并没有把黑洞当真。

黑洞的味道太怪了，爱因斯坦感觉很不对劲，他在 20 世纪 30 年代进行了计算，发现如果一个星体坍缩形成黑洞，它里面的压力是如此之大，以至于星体粒子的运动速度会超过光速，这是不可能超越的，于是爱因斯坦相信，黑洞这种东西不可能真的存在。

爱因斯坦的观点代表了那个时代多数科学家的认识——现代很多人依然这样认为，他们错误地将黑洞想象成一个致密星，它不停地吞噬，里面塞满了致密物质。这就是被物质的形态障碍住了。粒子的速度固然不可能超过光速，可是它们会不会消失呢？如果星体真的变成空无的状态——形成一个黑洞，超光速的矛盾也就不存在了。

假如爱因斯坦能够超越致密星的障碍，就会意识到黑洞的产生实属必然。然而，即便聪明如爱因斯坦，也有难以突破的误区。他之前曾因静态宇宙观错失了对膨胀宇宙的预言，现在又因为拘于物质的形态否定黑洞的存在。

不雅的名字

"黑洞"两个字形象地表明了它的特征：黑——连光都不能从里面逃出来，彻底黑；洞——里面空空如也，不存在任何目前已知的物质形态，达到了真正的空无之境。这可以说是天体演化的最高境界，最奇异，也最简单。用基帕·索恩的话来讲，黑洞就是弯曲的空间和弯曲的时间，除此之外，别无他物。他这样写道：

在人类头脑的所有概念中，从独角兽、滴水嘴到氢弹，最奇异的也许还是黑洞：在空间中有一定边界的洞，任何事物都可以落进去，但没有东西能够逃出来；一个引力强大到能将光牢牢抓住的洞；一个能令空间弯曲和时间卷曲的洞。

黑洞这个贴切的名字第一次出现在 1967 年，是约翰·惠勒的发明，在此之前，科学界使用的名词叫"冻星"——光线被冻结，无法向外辐射。

"黑洞"这个词虽然生动形象许多，但它刚开始受到许多人抵制，尤其是法国人，感觉这个词低俗甚至淫秽。然而，"黑洞"如此通俗有力，很快攻陷所有媒体，最终被所有人接受。

有关黑洞的图片，都显示一个黑黑的圆，那是黑洞的视界。视界并非是实体的存在，而是光子能否逃离的分界线。视界以外，光线有可能逃离黑洞，视界以内，光线不能逃离，仅此而已。如果一个人向黑洞降落，他在越过视界的过程中几乎很难发觉任何奇异的地方，他环顾四周，无法很准确地知道视界到底在哪里。视界对于他而言，就像地球的赤道。一个人乘船在大海上穿越赤道，不会有任何特殊的感觉，越过黑洞的视界也是如此，甚至越过视界进入黑洞内部的时候，他仍然能够看到位于自己上方的宇宙，因为视界内部的光线虽然不能逃离，但外部的光线还可以进入黑洞。

因为黑洞视界只是一个虚无的边界，它必然是光滑的，不会有任何凸起的细节，约翰·惠勒发明了一个新短语来描述它——黑洞无毛。这在一些人眼里，是相当低级庸俗的词语，简直亵渎了物理学的神圣殿堂。著名的《物理学评论》杂志主编帕斯特纳克表示，不管论文写得多好，他都决不允许这种猥亵的字眼出现在他的杂志上，但他抵挡不住强大的世俗力量，"黑洞无毛"很快就成为物理学的流行用语。

极度弯曲的空间

黑洞那极度弯曲的空间会表现出极为奇异的光学特性。

黑洞虽然很黑，却不是个捉迷藏的好地方，如果你想把自己隐藏在黑洞后面，那将是徒劳的，黑洞会把你清晰地显现于它的前方。

在黑洞周围弯曲的空间里，每条光走过的都是最直路径，但因为空间弯曲，其路径就被偏转了。如果你躲在黑洞后方，你发的光会从黑洞周围弯曲过来，结果你会在黑洞四周呈现一圈像。不同于镜中的幻象，这所有的像都是真正的你，如果用激光枪对着你的任何一个像发射，激光都会击中你，因为激光也会沿着同样弯曲的路径前进。

假如黑洞外围有一个吸积盘，就像土星的光环那样，这个吸积盘看起来会很不一样，因为黑洞会把后面那部分吸积盘发的光从周围弯曲过来，结果是它的上下两个面都会呈现在你面前，躲在黑洞后面的情形与此类似。（见图 7-2）

如果你向黑洞视界降落，将会看到黑洞周围弯曲空间的另一个奇异景象。黑色的圆盘会随着你的降落越来越大，就像巨大的黑色地板铺满你的脚下，然后它们渐渐从你周围升起，如同一圈黝黑的环形山把你围在当中；本来是四面八方都有的星空，现在全部浓缩到你的头顶，你感觉自己陷入了一个井中，随着你越陷越深，头顶的那片星空也越来越小。

这并不是因为你落入了黑洞，依然是黑洞对光线的弯曲所致。出现在头顶亮区中心的星光才真正是在头顶上的，从中心向外，有水平方向射来的星光，有黑洞背后弯曲来的星光，最外围是后面星体形成的层层叠叠的像，它们形成了一个明亮的星环。

极度弯曲的时间

伴随着黑洞周围的空间弯曲，那里时间的流逝也大大不同。假如你在环绕黑洞的飞船上，派出一个机器人靠近并落入黑洞，这过程可以把时间变慢效应显示出来。

你会惊讶地发现，机器人向黑洞下落，不是越来越快，而是越来越慢。越接近黑洞，机器人下落得越慢，靠近黑洞

图 7-2 黑洞的吸积盘视觉效果，视角与右侧看着土星环相同

视界时，机器人看上去几乎停滞不前，向黑洞的进发变得异常艰难。即将进入视界时，机器人竟然冻结在那里，无论等待多久，你也看不到它落入黑洞的画面。

这当然只是表象，实际上，机器人早就越来越快地落向黑洞，瞬间穿越黑洞视界，消失在黑洞中央的奇点。你之所以看到机器人下落得越来越慢，是因为黑洞附近的时间变慢，光子从机器人传递过来，花费的时间越来越长，而在视界处的光子，由于时间流逝变得无限慢，它永远也不会传递过来，那里的时间被"冻结"，画面被永远定格。

因为时间变慢效应，你接收到的机器人传来的光子，产生了明显的引力红移：波长越来越长，光子能量越来越弱，画面越来越暗淡。最后到达视界的一幕，光子波长达到无穷大，完全丧失了传播能力，外部世界彻底看不到了。

在一部科幻小说中，探险家落入黑洞后，保险公司拒绝支付保险金，理由正基于此。虽然从探险家自己的参照系看，他通过了视界，快速落入黑洞而消失，但保险合同是根据黑洞外部世界的参照系制定的，在这个参照系中无法证明探险家已经落入黑洞，甚至理赔都不行，保险理赔必须等事故结束后才能进行，而从外部观察，探险家将永远处于向黑洞坠落中，事故永远也不会结束。

黑洞蒸发

一般来说，人类的观念似乎总是跟不上新事物。科学家们花了半个世纪好不容易明白了黑洞，接受了黑洞只进不出、一毛不拔的品性，认为它是宇宙的终极坟墓，这时，霍金又提出了新的观点。

1974 年 2 月 14 日，一个刮着大风的漆黑夜晚，霍金的妻子简开着车送霍金去牛津大学开会。第二天上午，32 岁的霍金在报告厅讲演，简坐在外面的茶室里浏览报纸，远处几个清洁女工一边抽着香烟，一边满腹牢骚地东拉西扯，闲言碎语像烟雾一样四处飘散。其中一个说："那里面有个人，就是那个年轻的家伙，在世的日子没有多少了，是不是？"另一个人附和说："噢，不错，是的，他看上去好像要垮了，连头都快撑不住了。"几个人都开怀大笑起来，一边宣判着霍金的死刑，一边漫不经心地把香烟灰弹进烟灰缸。简瞬间如同电击一般麻木，未来的希望就像清洁女工吐出的烟圈般消散。

然而霍金并不在意外界的看法，或者说他已经习惯了，他坚强而冷静地立足于这个世界，并睿智地理解着自己置身于其中的宇宙。他在会议上清楚地阐述出自己的观点：黑洞并不是一毛不拔，它会蒸发，丧失质量与能量，体积会随着蒸发缩小。

霍金的黑洞蒸发理论基于量子场论：真空不是绝对的空

虚，它在不断地产生着正负粒子对，并且又很快湮灭归于虚无。这些正、负粒子对存在的时间极短，又不能直接探测到，它们被称为虚粒子对，产生和湮灭的概率相等，所以平均说来，就没有任何新的粒子真正产生出来，自然界的能量是守恒的。

但是霍金发现，假如虚粒子对产生在黑洞的视界附近，黑洞弯曲的空间会导致虚粒子对中的负粒子落入黑洞的概率更高一些。负粒子带有负能量，落入黑洞以后等效于一个正粒子从黑洞中逃脱出来，就像黑洞从内部向外界发射出了能量，这就是黑洞蒸发。

蒸发宣判了黑洞的死刑。当黑洞经历了漫长的悠悠岁月，尤其是极其久远的未来，宇宙膨胀得温度比黑洞还低时，蒸发就会导致黑洞自身缩小，温度上升，随之又会加速蒸发。当黑洞缩到比原子核还小时，会达到难以想象的高温——100亿度以上，黑洞将在一次大爆炸中彻底消失！这样，黑洞就不再是宇宙的终极坟墓，它和其他天体一样也只是万物演化的一个环节，这再一次颠覆了人们对黑洞的认知。

霍金演讲完毕，会议主席伦敦国王学院的约翰·泰勒教授并没有报以礼貌的掌声，他感到正统的黑洞学说受到了异端思想的攻击，大为震惊，站起来气势汹汹地说："太荒谬了！我从来没有听过这么荒谬的话，我别无选择，只能宣布，立即散会！"

真的存在吗

黑洞理论研究已经栩栩如生，但令科学家们遗憾的是，从来没有在宇宙中发现真正的黑洞，因而它总是停留在理论上。人们能够在宇宙中找到黑洞吗？黑洞不发光，我们看不到，它们会不会就隐藏在我们附近，像有些人担心的那样有朝一日吞噬我们？比如，太阳系里会有黑洞吗？这个真没有。如果太阳系里隐藏着黑洞，虽然看不见，但它的巨大引力影响会是显而易见的，行星的轨道会被扰动甚至破坏，但这种事情没有发生。

寻找太阳系外的黑洞是艰难的。假如一个 3 倍太阳质量的黑洞，距离在 4 光年之外，它的体积如此之小，我们看它，就像是从地球看月亮上一根头发丝的直径，再好的望远镜也根本分辨不出来，况且它还不发光。

不过，黑洞虽然不发光，但它也可以是宇宙中最明亮的天体——不是在可见光波段，而是 X 射线波段。黑洞吸积周围的气体物质，气体物质旋转着落向黑洞，它们被黑洞加速得越来越快，温度越来越高，最终达到几百万度以上的高温，这些高温气体会释放出大量的 X 射线，所以用射电望远镜去看，黑洞会是明亮的 X 射线源。反过来，明亮的 X 射线源可能暗示出黑洞的存在。

天文学家们正是追寻着 X 射线源的踪迹去寻找黑洞的。

20世纪70年代找到了4个候选人，其中最有名的是天鹅座X–1——天鹅座排名第一的X射电源。

用光学望远镜对天鹅座X–1观测，发现这个地方有一颗视亮度为9等的恒星，恒星编号为HDE226868，距离太阳约6000光年，是一颗高温蓝色超巨星，质量在25倍至40倍太阳之间。强大的X射线是由这颗恒星发射出来的吗？不是，因为这是一颗正常的恒星，温度没那么高，不可能发出强大的X射线。

HDE226868有一个看不见的伴星，X射线就由它而来。蓝色巨星和看不见的伴星相距约1400万千米，远小于水星到太阳的距离，两星5.6天就环绕一周。X射线发射区范围只有1000千米，且强度波动极其迅速，在0.001秒内就从强到弱变动一次，这表明，这颗不可见星1毫秒就自转一周，它一定非常小，从尺度上来说，只可能是中子星或者黑洞。（见图7–3）

但不可见伴星的质量却并不小——16倍太阳质量！即使测量有误差，再保守的计算也超过了中子星的质量极限，所以，它很可能是一个黑洞。

关于天鹅座X–1究竟是不是黑洞，1974年，史蒂芬·霍金和基帕·索恩打了一个赌。霍金赌它不是，索恩赌它是。赌约写道："鉴于史蒂芬·霍金对广义相对论和黑洞素有研究而但求保险，基帕·索恩好冒险，故以打赌定胜负。霍金以1

图 7-3　天鹅座 X-1 双星想象图：黑洞吸积伴星物质形成一
个气体盘

年《阁楼》对索恩 4 年《私家侦探》，赌天鹅座 X-1 不含质量大于钱德拉塞卡极限的黑洞。"

1990 年 6 月，霍金在南加利福尼亚大学演讲。演讲结束后，霍金带着家属、护士和朋友闯进基帕·索恩在加州理工学院的办公室，把赌约找出来，让别人在上面签上："认输，1990 年 6 月。"按上了自己的指印。

基帕·索恩在《黑洞与时空弯曲》中这样写道："20 世纪 90 年代，我们几乎百分之百地相信，不仅天鹅座 X-1，而且在我们星系的其他许多双星中，都存在着黑洞。"

虽然霍金认输，但并不表明天鹅座 X-1 被确认为黑洞；虽然天文学家"几乎百分之百地"相信，也并不表明宇宙中真的就存在着大量的黑洞。科学家最大的遗憾，是没有黑洞更直接的证据。然而在 2015 年，也就是广义相对论创立 100 周年的时候，远方宇宙传来的引力波信号，把隐秘的黑洞碰撞生动地展现在人们面前。

空间的涟漪

引力波也是广义相对论的预言。广义相对论里，引力变成了空间弯曲，当空间的曲率变化时，就会产生曲率波向外传递，激起空间的涟漪，这就是引力波。引力波以光速向外传递，所到之处，空间曲率随之变化，于是物体便随之变形。如果引力波传到地球，地球以及地球上的所有物体都会在垂直引力波方向上拉伸或挤压，这种拉伸或挤压按照引力波的频率振荡，如同晃动的哈哈镜中的景象一般。

但引力波和物质的相互作用太微弱了。宇宙中最为猛烈的事件——比超新星爆发还要强烈无数倍的，是两个黑洞的碰撞融合。黑洞本身是弯曲的空间，当两个黑洞在绕转、碰撞、合并的过程中，发出的引力波最为强大，那时候就会有好多倍太阳的质量转化为能量，以引力波的形式辐射出去。

即便如此，当宇宙深处黑洞碰撞的引力波到达地球时，它引起的空间振动幅度不到 10^{-21} 米，这样的引力波对一个人的身高影响大约只有一个质子直径的百万分之一。

引力波这样微弱，以致爱因斯坦认为人类可能永远都不会探测到，他甚至还有两次宣布引力波不存在。然而在广义相对论诞生 100 周年的时候，科学家们终于探测到了梦寐以求的引力波。

LIGO 传奇

引力波会迫使物体在不同方向上不断拉伸和压缩，测量出这种变形就能测出引力波事件，麻省理工学院的韦斯就想到了当年麦克尔逊以太漂移实验的方法，即用光束的干涉把长度变化放大出来。这个装置有两个互相垂直的臂，在两臂交会处，一束激光被一分为二，分别进入两臂的管道内，然后被终端的镜面反射回原出发点，在那里两束光相遇发生干涉。若有引力波通过，便会引起空间变形，一个臂会稍稍变长而另一臂略微缩短，这样就会造成光程差发生变化，激光干涉条纹就会发生相应变化，这个装置就叫激光干涉引力波探测器（LIGO）。

LIGO 由两个设施组成，一个位于华盛顿州，一个位于路易斯安那州，相隔 3000 千米，以引力波的速度需要 1/100 秒到达。如果两处设备在 1/100 秒内接到同一个信号，说明它来自宇宙；只有一处探测到信号，就是由地面环境因素造成。

LIGO 项目于 1991 年开始实施，10 年后第一代探测器投入使用。项目实施后的第二个 10 年，LIGO 没有探测到任何可靠的引力波信号。2010 年，LIGO 开始了为期 5 年的升级，仪器设备灵敏度大大提高，探测距离远了 10 倍，探测空间扩大了 1000 倍，于是一个传奇发生了。

升级工作在北京时间 2015 年 9 月 14 日 17 点（当地时间的凌晨）最终完成，等待 4 天后正式交付使用。这时候，设备已经开启，开始静静地采集数据。50 分钟之后，两个微弱的信号分别通过了两个探测器，相差只有 7 微秒，持续不到 0.2 秒。

这在德国是 9 月 14 号中午，马可·德拉戈，一位 32 岁的意大利籍博士后正坐在爱因斯坦研究所他自己的电脑前，远程观看 LIGO 的数据。信号出现在他的屏幕上，就像一个被压缩了的曲线，德拉戈看到这信号，他惊呆了，会这么快吗？

经过几个月的紧张解读，排除各种可能的干扰，LIGO 的科学家们终于确信，9 月 14 日的信号的确就是引力波！这一结果于 2016 年 2 月 11 日公布，那个持续不到 1 秒的微弱信号，透露了一个发生在宇宙深处的生动故事。

远方的黑洞之舞

13 亿年前，南半球天空大麦哲伦星云附近的天区，13 亿光年之外的一个河外星系里，有两个黑洞开始了激情的演出，他们手牵手，跳起了高速旋转的舞蹈。这两个黑洞都很大，一个有 29 倍太阳质量，一个有 36 倍太阳质量，它们的舞蹈如此震撼，以至振荡了周围的空间，激起了一圈圈空间的涟漪——引力波，向遥远的宇宙空间辐射。引力波辐射消耗了能量，两个黑洞越舞越近，到了最后的高潮时，它们激动地扑向对方，开始了伟大的结合，在不到 0.2 秒时间里，形成了一个新的黑洞。（见图 7-4）

这个过程有多猛烈呢？新生成的黑洞有 62 倍太阳质量，比两个黑洞质量之和少了 3 倍太阳质量，这些质量全部转变成能量，以引力波形式瞬间释放到宇宙空间，功率大约是可观测宇宙所有恒星功率之和的 50 倍！

引力波以光速向太空进发。那时候的地球还只有一个大陆板块，细菌和藻类在其上繁盛。经过了漫长时间，大陆漂移了，无数的生命诞生、兴盛又灭绝，这样过去了 13 亿年，黑洞合并产生的引力波一直以光速向地球飞奔。经历了 13 亿光年的漫漫旅途，终于，在北京时间 2015 年 9 月 14 日 17 点 50 分 45 秒，刚好 LIGO 完成测试后 50 分钟抵达地球，相隔 7 微秒，先后从路易斯安那州和华盛顿州的两台孪生引力波探测器中穿越，推动探测器 4000 米的臂长发生了 0.000000000000000000001 米（10^{-21}）米的振荡变化，被探测器记录下来，这是人类第一次得到来自黑洞的真实信息。

引力波的探测，使爱因斯坦广义相对论得到了最后验证。

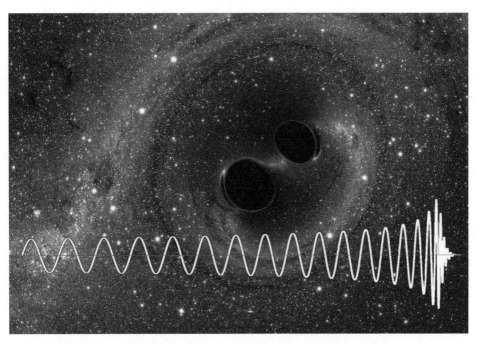

图 7-4　两个黑洞绕转、合并的过程中释放出引力波

基于广义相对论，人类对于空间和时间有了更深刻的理解，宇宙起源和天体演化的图景更加清晰，更加可信。

创生之路在继续

恒星的死亡为宇宙制造出来了大多数元素，这是创生之路的第二个阶段。接下来，在死亡恒星形成的富含重元素的星云里，要凝聚形成新一代行星系统，太阳系就是其中之一，那是宇宙为生命创造的安全而舒适的保障系统，这是创生之路的第三阶段。

第8章
宇宙 "飞船"

承载着生命在宇宙中飞行的，不是一艘宇宙飞船吗？

早期恒星的死亡形成了富含重元素的星云，大约50亿年前，一个新的行星系统在这样的星云中诞生，它就是太阳系。宇宙创造进入了第三阶段——支持生命的系统开始形成，太阳系是其中之一。

从某种角度看，太阳系就像一个宇宙飞船系统。承载着生命在太空运行的，不就是宇宙飞船吗？只不过这个飞船系统是宇宙打造的，和人工智能的作品大异其趣，人类智慧甚至难以想象它的完美，因而有些人不习惯这种表述方式。

接下来我们将从飞船的角度来欣赏这个宇宙生命系统。这种表述，也许能够最真实地体现生命与宇宙天体的关系。

大自然的飞船

假如你在地球轨道附近的太空远眺，会看到一个蓝色小点移动而来，越来越大，越来越亮，发出绚丽的蓝色光芒，遮蔽了半个天空，然后又向空间深处滚滚飞驰而去，这就是地球。（见图 8-1）

如果把地球比作一艘宇宙飞船，我们会发现，这简直是一艘无与伦比的飞船，它足够大，足够舒适，足够耐久，而且全自动运行，实在是大自然为地球生命准备的完美飞船。

图 8-1　我们的家园——地球

形状、大小与质量

飞船是球形的，这不是人类熟悉的飞船造型，却是宇宙中最简洁最优美的形状，它具有完美的动力学特性，旋转起来极其平稳，重力分布也非常均匀。球形飞船还具有自动修复功能，无论表面如何改变，总能在重力作用下自动恢复，永远也不必担心变形。这使得飞船总能保持近乎完美的球形，如果把地球缩成直径 1 米的球，上面最高的山峰也只有 0.7 毫米。

地球飞船很大，直径 12,000 多千米，表面积超过 5 亿平方千米。这广阔的表面，就是乘客居住的甲板。即便飞船乘载了亿万的乘客，他们也不会感觉狭小和压抑。事实上，他们根本感觉不到，也很难意识到，自己竟然居住在一个快速飞行的旋转大球上。

飞船很重，有 60 万亿亿吨。这样重的好处是，飞船表面产生的引力把乘客和飞船上的所有物体，以一种恰到好处的重力固定在甲板上，乘客们从来没有为失重而烦恼，每一个物件总是静静地待在它应有的位置。在通常的人造飞船里，失重是很伤脑筋的事情。另一方面，飞船表面的引力又没有太大，乘客们没有一点重压感，他们可以在水中轻松地游动，在陆地欢快地奔跑，在天空自由地翱翔。

飞船虽然庞大，却是迅捷而轻灵的，运行速度很快，1 秒钟飞行 30 千米，1 小时就是 108,000 千米；将近 24 小时旋转一周，表面转动最快的地方——赤道，每小时转过 1600 多千米，是大型客机的两倍。但飞船的航行如此平稳，乘客们感觉不到一丝震颤和颠簸，也没有一点噪声，比澄静湖面上的小船还要轻盈。

地球飞船一刻不停息地在太空运行，日复一日，年复一年，从亘古一直到永远。飞船上的乘客一代过去，一代又来，生生不息，交替繁衍，直到有一种能够直立行走的生命站立在飞船甲板上。他们通过几千年的观察和思考，发现了自己居住的坚如磐石的大地，原来是在太空中飞行的星球，就把它称为地球。

大气层——飞船的舷窗

太空是寒冷的，一艘宇宙飞船必须保证它的乘客的温暖。地球有一个大气层，大气总重量达 5000 万亿吨，在飞船外表形成了一个厚达上千千米的气体保护层。气体材料的一个巨大优点是透明性非常好，白天，太阳光可以几乎毫无遮挡地照射到地球飞船的甲板；夜晚，乘客们可以欣赏幽暗太空射来的灿烂星光。这样的大气层就像为飞船安装了一层透明的舷窗，既方便乘客眺望宇宙太空，又起到了很好的保温效果，还具有各种防护功能。同人类制造的宇宙飞船上那狭小的瞭望窗口相比，地球的大气舷窗显得大气得多。

地球飞船质量很大，这有一个显而易见的好处，它用重力就可以吸附住大气，一点儿也不必担心空气泄漏。在人造飞船里，携带空气并防止泄漏，是个复杂而艰巨的课题。而地球大气层能够完美实现一艘宇宙飞船的舷窗功能，却又不用安装，不用维护，不会脱落，不会老化，不怕撞击，实在是让人难以思量的大自然智慧杰作。

从太空的某个角度，可以清晰地看到地球的大气层，它发出淡而柔和的辉光，形成一个优美如虹的弧，流露出大自然奇妙构思的灵动之气，实在是一个完美的飞船舷窗。（见图8-2）

图 8-2 从太空看到的地球大气层

保温功能

宇宙太空是非常寒冷的，一艘宇宙飞船必须给它的乘客提供适宜的温度，地球的大气层就起到了给地球表面保温的作用。

地表的热量主要来自太阳光，它可以透过大气层畅通无阻地照射到地面。然而，单有太阳的照射还不行，因为地球会向外辐射热量，如果不把它们留住，地球就热不起来。大气层里含有二氧化碳、水蒸气等温室气体，它们能吸收地面辐射的热量并存储起来，使其不向太空逃逸，就像为地球盖了一层玻璃温室，使地表维持在适宜的温度。

温室气体在大气层中含量其实很小，但也恰到好处。比如二氧化碳仅占大气总量的 0.03%，但就是这少量的温室气体，使地表平均温度升高了 33 摄氏度；如果大气层中没有二氧化碳，地球表面的平均温度将会是零下 18 摄氏度，地球就将成为一个冰窖。相反，如果二氧化碳的含量扩大到 0.06%，地球就会成为一个酷热难耐的星球。

大气层还是一个巨大的空气调节器，流动的气体把地表的热量混合均匀，温度变化非常温和。如果没有大气，地球昼夜温差就会非常大。比如月亮，表面没有大气，白天温度可以升到 120 摄氏度以上，夜间则降到零下 180 摄氏度以下，昼夜温差达 300 摄氏度。如果没有空气传导热量，即使在白天，同一个物体的阳面和阴面也会有巨大的温差，就是一个人的前胸和后背的温差就难以承受。轻柔流动的大气把热量带到了地球的每个角落，使地表的热量混合得均匀而柔和，生命在这个星球上舒适而自由。

防流星体撞击功能

宇宙太空并不安全，到处流窜着大大小小的流星体颗粒，一艘太空飞船必须能抵御流星体的袭击。在人类制造的飞船里，乘客需要躲在狭小的船舱里，出舱要穿上厚厚的宇航服。地球飞船的乘客居住在外表的甲板上，如何确保安全呢？它的大气层舷窗给乘客们提供了极为安全的防护。

当流星体向地球高速袭来时，首先闯入的是地球大气层，大气分子开始阻挡它。这些透明稀薄似有若无的气体，能产生无比坚强的力量，它们与流星体颗粒剧烈摩擦，产生的热量很快就会使其熔化。当流星体侵入到距地面约120千米高空时，大地虽已遥遥在望，但流星体也开始燃烧和毁灭；在距地面约40千米时，大多数流星体已经化为灰烬了。如果是在夜晚，人们就会在夜空里看见一道亮光一闪而过，那是地球飞船大气舷窗的保护机制在起作用，它使来袭者灰飞烟灭，同时给飞船的夜空奉献一道美丽的风景。

和很多人想象的不同，流星体颗粒大都很小。不到0.01

克的颗粒，就可以产生划过天际的闪亮流星；还有更多细如微尘，它们的闪光过于微弱而难以察觉。据估计，每天有上百亿颗流星体袭击地球，速度比子弹快上百倍，如果没有大气舷窗的保护，地球上的一切生命都将被无情杀戮。

袭击者中也有来者不善的，就是那些重量较大者，比如几千克、几吨甚至更重的，它们发出明亮的闪光，呼啸而下，砸落地面，形成陨石。大陨石在下落过程中会发生爆裂，碎块宛如冰雹一般倾泻而下，形成陨石雨。陨石和陨石雨是危险的，但它们发生的概率很小。直径 1 米左右的陨石撞击，大约每年会发生一次，因为地球表面大部分是海洋、荒无人烟的沙漠和山区，所以陨石撞击的危险性微乎其微。

1976 年 3 月 8 日，中国吉林省发生了一次陨石雨，陨石爆裂后的成千上万个小碎块，落在吉林市北郊人口密集的工业区和邻近的县、乡，覆盖范围将近 500 平方千米，却没有任何人员和房屋损伤。四块陨石沿一户农家房子的四个屋角落下，竟然没有砸碎屋顶的瓦片；一位农民上山打柴回来，一块陨石砸在背后的柴捆上，农民毫发未损；一群鹅在麦田里寻食，三块陨石砸到鹅群中，也没有一只鹅受伤。

2013 年 2 月 15 日，一颗重约 7000 吨的陨石以 54,000 千米的时速落向俄罗斯车里雅宾斯克市上空，陨石燃烧着穿越大气层，在几十千米的高空发生猛烈爆炸，释放了相当于 50 万吨 TNT 炸药的能量。这次事件造成 1,491 人受伤，但受伤的原因主要是震碎的玻璃划伤和建筑物震动，并没有一人被陨石击中。

防核辐射功能

核辐射是太空另一个巨大的危险。核辐射的最大来源是太阳，太阳上不停地吹来含有原子核的太阳风，在地球轨道处朝向太阳的每平方厘米平面上，每秒钟就会遭遇数亿个太阳风原子核袭击。

如何抵御这些核辐射呢？地球飞船有一个铁和镍组成的金属核心，地球的快速旋转使金属核心产生磁场。磁场产生的磁力线向外延伸，在飞船外围构建起一道看不见的防护罩，这就是磁层，它把太阳风抵御到几万千米之外，远远地为地球建立起一道保护屏障。

太阳风吹来的带电粒子流受磁层阻碍，在磁层顶上游形成了弓形的激波面，就如航船前方的水波那样。（见图 8-3）大部分太阳风粒子因受磁层激波的阻挡，沿着磁层掠过地球而去，到了背向太阳的一侧，磁层则形成一个越来越细的磁尾，延伸到几百万千米的远方。当太阳活动剧烈时，太阳风也变得强烈，磁层防护罩在防御过程中被大大压缩，到地球的距离甚至可以被压缩一半，即便如此，磁层这道防护罩依然能把核辐射抵御在三万千米之外。

会有一部分核辐射深入到地球大气层来，不过它们只能沿着磁力线，来到两极附近的高空。这时候大气分子奋起反击，与入侵的核辐射粒子碰撞，发出美丽的辉光，映亮了地球的大气舷窗，这就是极光。

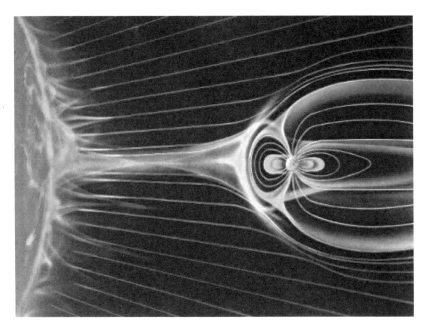

图 8-3　地球磁场可以抵御太阳风（版权：NASA）

防紫外辐射功能

一艘宇宙飞船还必须能防止紫外线辐射。紫外线比普通可见光能量要高很多，能够杀伤生命，太阳光中就含有大量的紫外线，地球飞船的大气舷窗正好可以防护它。

实现这一功能的是大气层里一种叫臭氧的成分，这是一种带有一股鱼腥味的特殊氧气，在大气层里含量只占 1/100,000,000，主要分布在距地表 20 至 30 千米的高空，人们称之为臭氧层。就是这极微量的臭氧，可以吸收掉太阳光中 99% 以上的紫外线，同时把它们转变成热能，有效保护了地球飞船上的生命。

然而，紫外线对生命也有重要的作用，阳光中的紫外线可以杀灭细菌和病毒，如果没有它，地球表面将是细菌和病毒肆虐的世界，那对于大型生命来说是极其致命的。缺乏紫外线，维生素 D 也不能合成，生物的骨骼系统将变得非常脆弱。

大气层对紫外线的过滤处理得非常好，臭氧层并不是把所有的紫外线全部阻挡，它让不到 1/100 的微量紫外线透过大气层射到地面，于是阳光便有了杀菌消毒的作用，环境对生命变得相当友好。

地球上臭氧的含量真是恰到好处。如果臭氧再少，生命就会暴露在紫外线辐射中，这固然不行；但如果臭氧含量再高一些，紫外线就会被过滤掉太多，阳光将不能起到很好的杀菌消毒作用，细菌和病毒就会永远统治这个星球。

奇妙的照明装置

地球飞船还需要一个照明系统，完成这一任务的依然是飞船的大气舷窗。

从太阳照射来的光子，被大气分子散射开来，半个大气舷窗的一半都变得很明亮，整个天空便成为一个极为均匀而柔和的照明体。大地万物在这样的光照下，显得清晰、柔和而且层次分明。如果没有大气的散射，即便有太阳，天空也是黑暗的，太阳和星星将会同现天宇，地面的明暗对比也是非常极端的，太阳光直接照射的地方是明亮的，而太阳光不能直接照射到的地方就是黑暗的，没有大气层的月球的表面就是如此。

大气舷窗还是一个极好的延时调光开关。倘若没有大气，早晨当太阳从地平线升起时，地面上瞬间就从黑夜变成白昼；晚上当太阳沉下地平线时，地面又转瞬间从白天变成黑夜。明暗的变化是突变式的，如电灯开关一般。

由于有了大气的折射和散射，早晨，在太阳从东方地平线上升起之前，天空在朝霞中渐渐变亮；傍晚，太阳落下西方地平线之后，天空才在晚霞中慢慢暗淡下去。光线的变化非常均匀而且持续的时间足够长，地球飞船的乘客们可以在这种缓慢的光度变化中，早晨从容起床做工，傍晚又从容收工休息，一切都显得那么和谐。

输水系统

水是每一艘太空飞船必须携带的。地球飞船携带了140亿亿吨的水，飞船甲板表面的70%都被水覆盖，以至于从太空看，这艘圆圆的飞船呈现出美丽的蓝色。

水量虽然充足，如果只是存储在固定区域，用处也不会太大，远离水源的广大区域还是无法让乘客生存的，地球飞船有一套全自动循环输水系统。

太阳光照射过来，蒸发江河湖海以及地面的水，液态的水变成气态升上天空。在气流作用下，这些水汽被空运至地球飞船甲板的上方各处，这就是云。从太空看地球，这个晶莹的蓝色星球被白云覆盖，那就是飞船的输水装置在运行。这些水汽在太空中常常被搬运数千千米，再以雨雪等形式降落下来。在这一过程中，水还被蒸馏净化，于是地球表面各处经常能够得到新鲜水的供应，森林、草原等各种植被得到自动灌溉，湖泊补充水量，灌溉之后剩余的水再沿着江河返回大海。地球飞船的这一套全自动输水系统，每年运送的水量约500万亿立方米，相当于500条长江的输水量。

氧气和食物

一艘宇宙飞船还必须携带充足的氧气和食物。地球飞船携带的氧气超过了 1000 万亿吨，约占大气总量的 21%，其余大约 78% 的是氮气，氧气与氮气的比例也调和得恰到好处。试想一下，如果氧气和氮气的比例颠倒过来，地球表面的森林和植被就会一次次地毁于火海，生命就不可能在地球上生存了。

地球飞船携带的食物是在旅途中生产出来的，这可以确保食物总是新鲜的。

在地球飞船的甲板上，生长了无数的植物，它们有无数绿色的叶片，那其实是一片片轻巧而高效的太阳能帆板。这些太阳能帆板里装配了一种叫叶绿体的元件，这种元件极为精密，只有几微米大，是一种光化学反应元件，能够把光能转化为化学能。一片叶子里装配的叶绿体元件数量多达上亿个，每一株绿色植物都有无数个这样的光化学反应元器件在工作。植物叶片小而轻薄，层层叠叠，可以最大限度地接收太阳光的照射。

绿色植物通过光合作用生产出了大量的粮食，就是植物的种子，供给地球数亿万的乘客——人类、飞鸟、走兽等食用。如此大规模的生产活动，几乎是在不知不觉中进行的，没有一丝噪声，也没有一点污染。更为奇妙的是，植物生产过程中利用的原料气体，恰是动物呼吸产生的废气二氧化碳，植物生产过程中排放的废气，恰好是动物呼吸需要的氧气。这实在是一个完美的循环，它确保了生产和消耗活动能够长久地保持平衡，以支持地球飞船的漫漫旅途。

　　要维持这艘巨大太空飞船运转，需要惊人的能量，能量从哪里来呢？大自然为地球这艘大飞船预备了一个非常理想的能源——一个无比庞大的核聚变反应堆。

第9章
核反应堆

地球"飞船"的能源来自太阳这个巨大的核聚变反应堆。

如果把地球理解为一艘宇宙飞船，为它提供能量的，没有任何别的可能，只能是——太阳。太阳是一个巨大的核反应堆，所以我们的地球其实是一艘核能量宇宙飞船。

有必要这么大吗

初看起来，太阳太庞大，它的直径达 140 万千米，体积是地球的 130 万倍；质量达 200 万亿亿亿吨，是地球质量的 33 万倍。人们的疑问自然是：有必要这么大吗？

当然有必要。事实上，对 20 世纪初的天文学家们来说，太阳的质量不是太大，而是太小，小得让他们无法理解。

因为太阳有着惊人的功率——385 亿亿亿瓦，它 1 秒钟产生的能量，能够供地球人类使用几亿年，而它已经燃烧了好多亿年！什么样的能源让太阳可以维持如此强大而恒久的辐射呢？（见图 9-1）

如果太阳上全是煤，辐射只能维持几千年；如果全是煤油，能维持几万年；太阳还可以靠自身引力收缩产生能量，这样持续的时间也不超过 1000 万年，科学家们对太阳的能源非常困惑。

图 9-1　太阳与地球

1905 年，人类对能量的产生有了新的认识。爱因斯坦的狭义相对论表明，质量可以转化为能量，转化的效率极高——$E=mc^2$，即一个单位的质量可以转换成 9 亿亿个单位的能量。

但如何转换，那时候还一无所知。1926 年，爱丁顿提出：

太阳的能量来自其核心的核聚变反应。在一次演讲时，爱丁顿这样开头：恒星具有相当稳定的质量，太阳的质量为——我把它写在黑板上：2000,000,000,000,000,000,000,000,000 吨，但愿没写错零的个数，我知道你们不会介意多或者少一两个零，可大自然在乎。

大自然为什么在乎呢？因为太阳的质量大小直接决定了它能否发生核聚变反应。拥有 200 万亿亿亿吨的质量，太阳核心的压力必定极大，那里的温度也必定极高。爱丁顿估计，对于太阳来说，它的质量能使核心温度升高到 4000 万摄氏度，在这个温度下，原子核会以很高的速度运动，从而会碰撞引发聚变。

爱丁顿的观点受到了其他物理学家的强烈质疑。在他们看来，4000 万摄氏度远远不够，因为原子核都带正电，距离越接近，电斥力就越大，尤其是快要碰撞时，由于距离几乎为零，斥力几乎是无限大。电斥力如同包围在原子核外面的环形山，把别的原子核挡在外面，以确保自己的安全。那时候的物理学家们估计，太阳要想发生核聚变，核心温度需要达到几百亿度。这样看来，太阳要想发生核聚变，它的质量是有些太小了。

但爱丁顿坚持自己的看法。除了核聚变，还有什么方式能够解决太阳的能源呢？他满怀信心地写道："我不和那些批评者们争论，他们认为恒星内部温度过低，不能发生这种过程。我只想告诉他们，去找个温度高的地方吧。"

实际上，太阳核心的温度只有 1500 万度，比爱丁顿估计的还低许多，但核聚变反应还是发生了。量子世界一个奇妙的自然法则起了作用，那就是量子不确定性造成的隧道效应，它使原子核电斥力的环形山在某个瞬间突然打开一个通道，使其他原子核得以进入，核聚变得以发生。

核心区的聚变反应

太阳的主要成分是氢和氦，也就是来自宇宙大爆炸的最简单的两种元素，其中氢约占 71%，氦约占 27%，两种元素合起来占了全部太阳质量的 98%，其中氢元素就是目前太阳上最主要的核聚变原料。

太阳内部分为三层：日核、辐射层、对流层。（见图 9-2）

日核其实就是一个无比猛烈的核聚变反应堆，它的内部，每时每刻都爆炸着无数的氢原子弹——氢原子核的聚变反应。

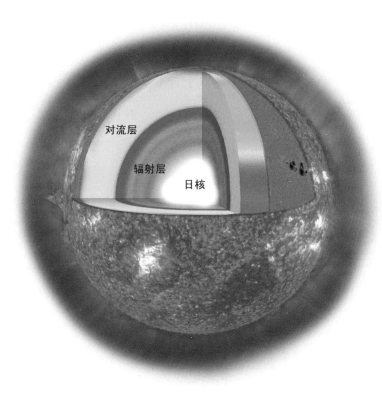

图 9-2　太阳的构造

在这个反应中，氢原子核聚变成了氦，质量损失了 0.7%。这些质量按照爱因斯坦那个著名的质能方程 $E=mc^2$ 转化成了能量。

核聚变的产能效率是惊人的。1 克氢原子核转化为氦时损失的质量是 0.007 克，乘以光速平方，扩大 9 亿亿倍，是6300 亿焦耳，这相当于 150 吨 TNT 炸药的威力。1 枚百万吨级的氢弹，可以轻易抹去地球上的一座城市，也只不过是把六七千克的氢聚变成氦而已。

每一秒钟，有超过 6 亿吨的氢原子核参与聚变，损失的质量超过 4,000,000,000,000 克，用这些质量乘以光速的平方，转化成的能量相当于 9000 亿亿吨 TNT 炸药。也就是说，秒针滴答一声，太阳上就相当于爆炸了 90 万亿颗百万吨级的氢原子弹！

如此巨大的能量消耗造就了太阳的辉煌。这种辉煌能持续多久呢？太阳的总质量是 200 万亿亿亿吨，其中氢占了约71%。按照这样的消耗速度，太阳内部的氢原子核全部参与核聚变，可供太阳燃烧 350 亿年。考虑到氢原子核不可能全部参与聚变，到了后期的太阳核反应会有大起大落、很不稳定，太阳物理学家们估计，太阳稳定燃烧 100 亿年是没有问题的，它目前的年龄是 50 亿年，还可以再稳定地燃烧 50 亿年。对于地球这样一艘庞大而航程遥远的宇宙飞船，太阳无疑是最理想的能源供应者。

高能光子的向外传输与改造

太阳中央核反应区产生的能量是伽马射线和 X 射线，这些高能光子对生命有极大的杀伤力，不可以直接射向地球，需要把它加工成适宜的光子，加工过程是在光子从核心向太阳表面传输的过程中完成的。

日核的外面是辐射层，厚约 38 万千米，相当于地球到月球的距离。这一层太阳物质热且稠密，无法对流，只能以辐射形式向外传递能量。

辐射层外面是对流层，厚度约 20 万千米，太阳物质在这里急速上下翻滚，形成湍流，把热量从太阳内部深处转移出来。到达太阳表面时，物质密度变得很稀薄，大约是海平面大气密度的几千分之一。对流层顶部，有一层厚度只有 500 千米的一个薄层，这一层称为光球层，就是我们看到的黄色太阳圆面。

光子从日核向光球层传输的过程，就是太阳对光子再加工的过程。尤其是光子在穿越厚厚的辐射层时，因为电子的密度很大而且运行速度很快，光子往往只走几微米就会碰到电子，被电子吸收，电子再以稍低一点的能量随机辐射出去一个光子。在反复不断的吸收和再辐射中，光子的能量越来越低。这一过程经历的时间极其漫长，一个光子从太阳核心抵达表面要经过几万年以上的时间。这样，当光子最后到达光球层时，已经变得非常柔和了，以温暖的红外线和可见光为主，能量较高的紫外线和 X 射线比例很小，它们混合在可见光中，恰好使光线能够杀菌消毒。

光球层的温度约 6000 摄氏度，到达光球层的光子，走完了从日核到表面那艰难而漫长的旅途，同时也完成了自我改造的过程，它们由此出发，开始奔向太空。

日地距离与生命带

飞船的核反应堆太大，必须远远地分离开来——地球与太阳相距 1.5 亿千米，它们之间用万有引力联结起来，这确保了地球的安全，而且距离恰到好处。

太阳生产的能量以光辐射的形式向地球传输，与通常的电缆或管道之类的能量传输方式不同，光辐射是极为优越的能量传输方式，极为方便、安全、高效。

当太阳光穿越 1.5 亿千米的空间到达地球时，给地球带来了 17.4 亿亿瓦的照射功率，使地球维持了非常适宜的温度。这看起来似乎有些浪费，因为太阳的功率是 385 亿亿亿瓦，地球接收到的辐射只占太阳总辐射的二十二亿分之一。但这样的好处是显而易见的：地球的整个轨道都处于一个非常均匀的辐射场中，无论运行到轨道哪个位置，都能获得稳定的光照。假如不受能量与技术手段的限制，这种能源供应方案无疑是最完美的。大自然造物主除了自身的规律外不受任何限制，它的方案充满了大气之美。

地球到太阳的距离是一个非常关键的因素，必须安排得恰到好处，否则太阳的能量难以得到有效利用。1.5 亿千米的日地距离恰到好处，太阳周围有一个适合生命的区域——生命带，地球轨道恰好落在那里。

如果日地距离缩小 5%，那么光辐射会过于强烈，一系列连锁反应会使地球成为酷热的火海。在地球轨道以内，有两颗行星——水星和金星，水星被太阳照射的一面温度超过 400 摄氏度，金星由于太阳照射和自身的温室效应，整个表面都超过了 400 摄氏度。相反，如果日地距离扩大超过 50%，它又会变成一个冰冷的世界。地球轨道以外的行星，全都是冰冷的世界，最近的火星，平均温度比地球低了约 50 摄氏度。太阳系疆域辽阔，一直延伸到 10 万亿千米以外，在如此广阔的区域里，适宜的生命带范围也就区区 1 亿千米左右，仅仅是太阳系半径的十万分之一，而地球轨道恰在其中。

除了日地距离要合适，地球的轨道也必须很圆才行，如果轨道偏心率大，它与太阳的距离就会时远时近，它就会忽冷忽热。所有天体轨道都是椭圆，地球也不例外，但地球轨道非常接近圆形，近日点距太阳约 1.47 亿千米，远日点距太阳约 1.52 亿千米，如果把地球轨道缩小成一个半径 1.5 米的圆，近地点和远地点偏离只有 2.5 厘米。地球的近圆轨道使它与太阳的距离相当稳定，这也是地球能够保持稳定气候的一个关键因素。

自转——东西方向轮流加热

恰到好处的日地距离仅仅是要素之一，地球必须旋转起来，才能使光和热均匀布散。地球每23小时56分4秒自转一周，这是以遥远恒星为参照的自转周期，称为一个恒星日。因此，太阳光以平均24小时为周期扫过地表，使得地球表面在东西方向上轮流受到光照。

大自然对地表温度的调节过程也是匠心独具。早晨，当太阳升起地平线时，大气同时开始吸热，这样就不会造成骤然上升；傍晚，随着太阳落下地平线，大气开始缓慢放热，又不会造成温度骤然下降；自然对生命是极为友好的。

地球旋转的速度也恰到好处。假如地球旋转得太慢，漫长的白天会使热量累积太多，以致酷热难耐，漫漫长夜也会更加寒冷；相反，假如地球旋转太快，升温和散热都不能充分完成，地表热量分布就会过于均匀，从而导致星球没有气候变化。

沿自转轴的旋转使光和热均匀在地表布散，这是一幅多么简洁和谐的画面！但在很长的时间里，人类不能理解其中的奥妙，以为看到的斗转星移是它们在围绕地球旋转。真相虽简单而美，习惯了幻象的人却总是难以接受，直到 1805 年，法兰西科学院院士梅西耶还这样写道："天文学家们要使我相信地球像一只烧鸡穿在铁棍上那样旋转，那真是枉费心机。"

公转——南北半球轮流加热

地球自转，昼夜交替，实现了热量沿东西方向快速布散，虽然已经很好，但还不够完美，热量还需要在南北方向进一步布散，地球公转就实现了这一点。在地球围绕太阳公转一周的过程中，太阳光交替照射地球的北半球和南半球，使得南北半球轮流加热，也就有了四季变化。

地球四季变化取决于大自然一个极为巧妙的安排。倘若地球公转的时候直立着身子——自转轴垂直于公转轨道面，那太阳光就永远直射赤道，南北半球也就不会有四季变化了。巧妙的是，大自然让地球斜着身子旋转——自转轴与公转轨道面形成 23.5 度的夹角，而且自转轴的指向相当稳定——总是指向北极星附近。这样，在地球公转的过程中，太阳光就能以稳定的周期交替直射南北半球，这一过程如下：

春分日（3 月 21 日前后），太阳光直射赤道，全球昼夜平分，太阳正东方升起，正西方落下。春分之后，太阳开始给北半球加热，阳光直射点从赤道向北移动，从地面看，太阳从东北方升起，西北方落下，北半球白天开始比黑夜长，气温渐渐回升。

夏至日（6 月 21 日前后），太阳光直射到最北端——北回归线，这一天北半球白天最长，黑夜最短，南半球相反。夏至后，太阳的直射点开始返回南方。

秋分日（9 月 22 日前后），太阳光再次直射赤道，全球昼夜平分，太阳从正东方升起，正西方落下。秋分之后，太阳开始给南半球加热，阳光直射点从赤道向南移动，从地面看，太阳从东南方升起，西南方落下，北半球的白天变得比黑夜短，气温也渐渐变冷。

冬至日（12 月 22 日前后），太阳光直射到了最南端——南回归线，北半球白天最短，黑夜最长，南半球相反。冬至之后阳光直射点又开始返回北方，至春分时直射赤道。

太阳光直射点在南北回归线之间周期性扫过，交替给南北半球加热，使得热量在南北方向得到均匀布散，这样一个周期，称为一个回归年，长度是 365 日 5 小时 48 分 46 秒，或 365.242,2 日。回归年是阳光照射的周期，也是季节循环的周期，决定自然现象的变化，中国的二十四节气，就基于回归年周期。（见图 9-3）

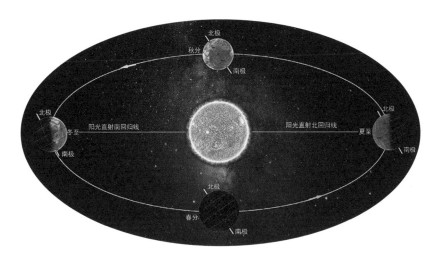

图 9-3　地球的公转

恰到好处的地轴倾斜

地球四季变化还取决于大自然另一个极为巧妙的安排——地球自转轴与公转轨道面形成 23.5 度的倾角,而且这夹角大小相当稳定,所以地球常被形容为斜着身子公转。

如果地轴倾角过小,比如地球近乎直立着公转,四季的变化将很不明显,海洋蒸发出来的水汽就会在两极堆积成庞大的冰山;反过来,如果地轴过于倾斜,两极地区会被太阳光强烈照射到,冰山将会反复融化和冻结,地球的气候变化就会过于剧烈了。

惊人的细节

关于四季变化，还有一个极有意思的问题，法国天文学家弗拉马里翁在他的《大众天文学》里谈到过这个问题。很多人以为，在一年当中，太阳光有一半时间直射北半球，一半时间直射南半球，其实并非如此，我们来看一下：

太阳光直射北半球的时间：从春分到秋分，共计 186 天 10 小时；太阳光直射南半球的时间：从秋分到春分，共计 178 天 20 小时。

太阳光直射北半球的时间比直射南半球多了近 8 天。这是一个很有意思的结果，看一下世界地图就能清楚地知道，北半球的陆地面积比南半球大得多，居住的生命当然也比南半球多许多，正好北半球得到的光照时间也比南半球多。难道大自然对生命如此关爱，以至于在这样的细节上都安排得恰到好处吗？

第10章
伴侣

月球这个伴侣，对地球生命系统的形成和稳定至关重要。

夜间的照明

如果把地球理解为一艘宇宙飞船，那么月亮就是它的子飞船，它们一起组成了地月系。月亮不但使地球的夜晚更富有诗意，而且还给地球生命带来了夜间照明，看上去大自然对地球生命真是关怀备至；或者说，地球实在是一个完美的宇宙飞船。

对于一部分习惯夜生活的现代人来说，月亮也许显得太暗，但夜晚是需要安眠的，月亮作为夜间照明是恰到好处的。事实上，在满月之夜，一些生物已经表现出了亢奋状态，这一天人们平均要多花 5 分钟才能进入睡眠，这天夜晚的总睡眠时间也会比平时缩短 20 分钟。据统计，满月之夜各种刑事暴力事件明显增多，纽约的放火事件在满月时比平时增加一倍以上，东京消防厅的急救车出动次数也在满月时出现高峰。

可见，为了保持生物的节律，夜晚的月亮是必须足够柔和的。

如果把月亮换成别的同样大的天体，通常都会亮好多倍，月亮本身很黑暗，因为它表面覆盖着一层厚厚的月壤，这些月壤黑得像煤，能够把大部分太阳光吸收掉。平均下来，整个月面对太阳光的吸收率高达93%，反射出来的只有7%而已。为什么人们会感觉到月亮很明亮呢？那是因为夜晚的天空更黑暗，它把月亮衬托得明亮了。

月亮是足够暗淡的，即便是满月，也只相当于20多米外一盏100瓦电灯的亮度。在大部分时间里月亮的亮度远低于满月，比如，弦月（半月）的亮度只有满月的1/10，而不是想象中的1/2。

月亮的圆缺变化还给地球生命提供了一个天然计时周期——朔望月，这是阴历的一个月，因为月亮又叫太阴。

月亮对地轴的稳定作用

月亮当然不仅仅是给地球飞船提供夜间照明，也不仅仅给地球乘客提供一个时间周期，更重要的，它和地球共同造就了生命系统。首要的，它稳定了地球。

在人们看来，地球是一个极其沉重的大球体，它的行动严肃又稳重，或者说极为笨重，很难受外界影响，实际情况并非如此。因为地球悬浮在太空中，不受任何支撑，没有一点儿摩擦，因而非常敏感与活跃，外界微小的影响都会引起它的反应，就像飘荡在空中的肥皂泡，轻盈摇摆。地球不仅会受到太阳巨大引力的牵引，而且也会被路过的行星，比如邻近的金星和火星，乃至遥远的木星和土星等牵引，从而产生位置移动，或者发生姿态摇摆。例如，地球每次靠近木星时（木星冲日前后），虽然双方距离有6亿多千米之遥，但木星能将地球拉出轨道几千米。地球每次与木星交会，都要起身离开，趋向木星，向木星大哥恭敬施礼。而金星在轨道上接近地球时，地球也要向轨道内移动一下，侧身向小妹问好。

行星不但会把地球拉出轨道，还想迫使它不停地摇摆跳舞。因为地球并不是一个理想的球体，自转的离心力造成赤道部分略微向外鼓出一些，赤道半径比极半径长21千米。赤道鼓出的这一点会受到其他星球的牵引，地球自转轴就会摇摆不定。

但月亮的存在稳定了地球。月亮虽然比其他行星质量小许多，但距离地球近得多，它施加给地球的引力影响有效抑制了其他行星的引力摄动影响，成为稳定地球姿态的强大力量。结果是，地球自转轴和黄道面的夹角总是维持在23.5度左右，只摆动一个很小的幅度——在22.1度和24.5度之间徘徊，周期是41,000年。

并不是每个行星都能轻而易举地保持旋转轴稳定。看一看地球的一个近邻——火星，它和地球很相似，自转周期是

24 小时 37 分。火星的两颗卫星——火卫一和火卫二都很小，直径分别是约 22.2 千米和 12.6 千米，对火星的姿态起不到任何调控作用。火星目前的自转轴倾角是 25 度，但它会在 13 度至 40 度间摇摆变化，相应地，火星气候常常会出现灾害性巨变，这种巨变能够达到生物灭绝的程度。

地轴的进动

月亮虽然使地轴的倾斜角保持稳定，但它也会导致另一个结果——地轴会缓慢转动，这叫地轴的进动。一个快速旋转的陀螺即使在倾斜的时候也不会立即倒下，因为它的旋转轴会转动。地轴的旋转也是如此，只是慢了许多，25,800 年才转动一周（见图 10-1）。我们通常说地球的自转轴保持不变，稳定地指向北极星，实际是忽略了它的转动。

因为地轴在旋转，它实际上不会永远指向同一颗恒星，因而北极星是由不同的恒星轮流担任的，交替的周期就是 25,800 年。（见图 10-2）

公元前 1000 年前后，北天极指向了小熊座帝星附近，帝星就是那时的北极星，帝星的名字就由此而得。此后很长时间，地轴指向的北天极附近没有亮星。几百年前，北天极渐渐指向勾陈一，于是勾陈一成为众星环绕的北极星。勾陈一的地位目前还在不断加强，因为地轴还在继续靠近它。100 年

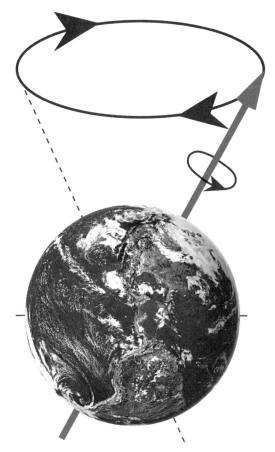

图 10-1 地球就像一个旋转的陀螺，自转轴以 25800 年为周期旋转进动

后，22 世纪初，北天极最接近勾陈一，然后渐渐偏离而去。130 世纪，地轴将指向北天耀眼的明星——织女星。在那前后上千年时间里，织女星将成为北极星，正如公元前 130 世纪，它曾是冰川时期我们祖先的北极星一样。上一次织女星作为北极星时，地球上是荒芜的冰河世纪，地球自转轴进动了半

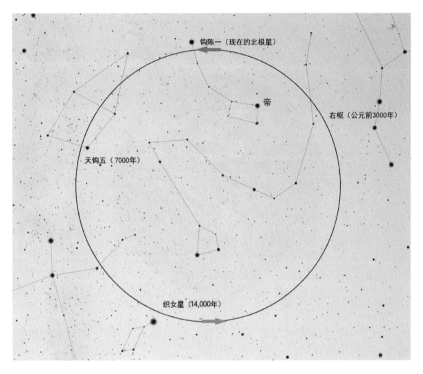

图 10-2　地轴以 25,800 年为周期旋转，北极星也由不同的星星轮流担任

圈后，地球上迎来了高度繁荣的现代文明；地轴再转动半圈，织女星再次成为北极星时，大地上又会是什么样子呢？

埃及首都开罗附近有一个小城叫吉萨，那里有大金字塔和狮身人面像。大金字塔建于 5000 多年前，里面有一个隧道，在金字塔内顺着隧道望去，正好能看到北极星。看来，古埃及的法老希望死后能够升到天的中央——北极星那里，继续在天上当他的法老。

当时在金字塔隧道内看到的北极星，只是一颗不太亮的星——天龙座的右枢星。虽然暗弱，但因为它位于天之中央，众星环绕，也就具有帝王的地位。然而法老绝不会想到，北极星的帝王之位，居然也像人间的王朝一样会轮替。几百年后，随着一代法老王朝的结束，这颗暗弱的北极星也从金字塔隧道的视野中渐渐隐去了。

月亮偷偷改变了你的星座

月亮带来的地轴进动还改变了很多人的黄道星座。根据占星学，一个人所属的黄道星座由阳历的生日决定，其具体边界和二十四节气相关联，一个人通过查阅自己出生那一年的二十四节气时刻，可以准确得到自己的星座，比如，2016 年黄道十二星座边界范围如下（每年相差不大）：

春分（3 月 20 日 12：30）白羊座起始

谷雨（4月19日 23：29）金牛座起始

小满（5月20日 22：36）双子座起始

夏至（6月21日 06：34）巨蟹座起始

大暑（7月22日 17：30）狮子座起始

处暑（8月23日 00：38）室女座起始

秋分（9月22日 22：21）天秤座起始

霜降（10月23日 07：45）天蝎座起始

小雪（11月22日 05：22）人马座起始

冬至（12月21日 18：44）摩羯座起始

大寒（1月20日 05：23）宝瓶座起始

雨水（2月19日 13：33）双鱼座起始

之所以根据出生日期来确定星座，最根本的原因是，生日那天的太阳运行到了那个星座，太阳和星座的结合给刚出生的生命打上了特定的星座烙印。

然而，根据这个定义，大多数人的星座都是错误的，因为现在流行的星座日期范围是几千年前确定的。由于月亮牵引地轴进动，它导致的另一个结果是，每年的春分时刻，黄道上的太阳位置都会比前一年向西退一点点。几千年下来，地轴已经旋转了30多度，太阳在黄道星座的运行日期已经大大不同了。

下面是目前太阳在各个星座的实际运行日期（每年大致相同）：

白羊座：4 月 19 日—5 月 15 日

金牛座：5 月 15 日—6 月 22 日

双子座：6 月 22 日—7 月 21 日

巨蟹座：7 月 21 日—8 月 11 日

狮子座：8 月 11 日—9 月 17 日

室女座：9 月 17 日—11 月 1 日

天秤座：11 月 1 日—11 月 23 日

天蝎座：11 月 23 日—11 月 30 日

蛇夫座：11 月 30 日—12 月 18 日

人马座：12 月 18 日—1 月 20 日

摩羯座：1 月 20 日—2 月 17 日

宝瓶座：2 月 17 日—3 月 13 日

双鱼座：3 月 13 日—4 月 19 日

月亮给地球自转踩刹车

早期的地球自转速度很快。地质学和古生物学方面的研究发现，3.7 亿年前，每年有 400 天左右，那时一天约是 21 小时；13 亿年前，地球一年至少自转 546 圈，一天只有 16 个小时。越往早期，地球的自转速度越快。在太阳系早期，地球飞速旋转。快速的自转不仅意味着生活节奏加快，夜晚的美梦被缩短，更重要的是，通常星体旋转愈快，风力就越强，持续时间也越久。狂风肆虐，巨浪滔天，没有片刻安宁，这样的环境对生命来说太过残酷。生命即使能够诞生，等待他们的也只是噩梦，而不是奇迹般的进化。

幸运的是，大自然给地球安排了月亮这个伴侣，它给地球的旋转踩了刹车。

地球表面大部分被海洋覆盖，当海水转动到月亮下方时，月亮的引力会把海水拉涨起来，并且反方向向西拉动，形成阻碍地球向东自转的力量，于是，地球的自转速度便一点点慢下来（见图 10-3）。这一过程一刻也没有停息。目前，地球每自转一圈都比前一圈变慢 0.00000002 秒，自转速度每百年延长约 2 毫秒。经过几十亿年的缓慢减速，地球自转的节奏缓慢下来，狂澜止息，地球安静下来，成为一个美好的生命摇篮。

地球有了足够长的夜晚，使生命得以安眠并可以美梦连连；地球的气候足够温柔，使生命能够从容享受风和日丽的日子，这一切月亮功不可没。生命也没有辜负大自然的厚爱，在地球上顺利诞生并不断地进化下去。

渐渐远离而去

地球自转减慢的同时，月亮也渐渐远离地球而去。因为力的作用都是相互的，当月亮把海水向西方拉去时，海水反

图 10-3　月球对地球的影响

过来就会对月亮施加一个向东的力，这个力与月亮的公转方向相同，它使月亮公转速度增大，月亮就会渐渐远离地球而去。

月亮远离地球的速度现在已经可以精确地测量出来。几十年前"阿波罗"号登月时，宇航员在月球表面安放了一面镜子。此后，科学家从地球上向这面镜子发射激光，并通过激光往返时间测算月地距离。结果发现，月球每年远离地球约 3.8 厘米。

在早期地球的夜空中，月亮肯定是硕大而又明亮；随着地球自转渐渐减慢，月亮也渐渐远去，它在夜空中越来越小。当地球的自转周期接近 24 小时的时候，月亮的大小看上去正好和太阳差不多，这时候人类在地球上诞生。

因为月亮和太阳看起来差不多一样大，人类就能欣赏到一个极为壮观的天象——日全食。当月亮运行到太阳和地球之间，三者排列成一条直线的时候，就会发生日全食。随着月亮继续远离，它看上去会越来越小。大约 6 亿年之后，月亮将不再能完全遮挡太阳，那时候在地球上就再也看不到日全食的天象奇观了。

第11章
舰队

太阳系是一个完美的宇宙生命保障系统。

整齐的队列

如果把地球比作一艘宇宙飞船，太阳系就是一个庞大的舰队，舰队里有八大行星，依次是：水星、金星、地球、火星、木星、土星、天王星、海王星。地球之外的七大行星就像地球飞船的护卫舰，航行在地球飞船的内外两侧，小心翼翼地护卫承载生命的地球飞船。（见图11-1）

八大行星的阵形非常规范，总结起来有三个特点：

共面性：行星都近似位于同一个平面；

同向性：行星围绕太阳公转的方向都相同；

近圆性：行星的轨道都很接近圆形。

八大行星到太阳的距离也暗含某种深刻的法则，如果取一列数：

0，3，6，12，24，48，96，192……

图 11-1　太阳系示意图

将每个数加上 4，再除以 10，就得到一个新数列：

0.4，0.7，1.0，1.6，（2.8），5.2，10.0，19.6……

这个数列就是行星到太阳的距离之比，称为提丢斯－波得定则，其中的 2.8 处为小行星带。

太阳系天体数量众多，除了八大行星外，还有若干矮行星，数十万颗小行星，上千亿颗彗星。太阳占据了绝对的支配地位，它占了太阳系总质量的 99.86%，八大行星和所有其他天体加起来，质量总和还不到太阳系的 0.2%。这样，太阳的引力就起到了绝对支配地位，它牢牢地控制着众多天体，使它们老老实实运行在自己的轨道上，形成了一个和谐有序的庞大阵列。

太阳系是目前所知的唯一的生命系统，借助这个样本，我们可以更好地理解外星生命可能具备的条件。

一般来说，适合生命的行星到恒星的距离应当恰到好处，也就是落在恒星的"生命带"里。然而，恒星的生命带会有多宽？行星距离恒星太近或者太远可能会导致什么样的结果？太阳系这个样本会给我们带来很多启示。

类地行星

八大行星中，有四颗位于温暖的太阳系内部，称为内行星，它们是：水星、金星、地球和火星。水星、金星、火星和地球类似，主要由岩石构成，体积和质量都较小，平均密度较大，表面温度较高，它们与地球一起又称为类地行星。

水星

水星是一个相对较小的行星，直径为 4800 千米，距离太阳平均 6000 万千米。因此，水星的第一个特点是很热。当水星运行到近日点附近的时候，天空中的太阳看上去就相当壮观，大小相当于地球天空太阳的 10 倍。在强烈的太阳光照射下，水星地表温度最高可达 400 多摄氏度，铅和锡在这里也会熔化。而在星球的另一面，黑夜则是漫长而寒冷的，温度低到零下 200 多摄氏度，这是因为水星的大气极其稀薄，无法把热量散播开来。

假如一颗行星距离其恒星很近，它的最大特点就是会很热。

其次，因为来自恒星的辐射太强烈，它表面的空气分子很容易被剥离，因此行星上不会有浓厚的大气，也就不可能有液态水，这样的行星难以支持生命。

距离恒星近的行星还有一种特殊的情况，就是自转很慢，其自转周期和公转周期或者相同，或者是某种比例的共振。月球离地球很近，它的自转周期和公转周期就相同，这导致它永远以相同的一面对着地球。水星则形成了奇特的 3∶2 共振比例，也就是自转 3 周的时间里恰好公转 2 周：自转 1 周需要 59 个地球日，公转周期是 88 个地球日。水星自转 3 周才会出现 1 次昼夜变化，它的 1 天等于地球上的 176 天。

水星这漫长的一天显得非常奇特：太阳从东方升起，极其缓慢地朝天顶移动，变得越来越大；然后，太阳会停顿下来，继而向东退回去，退一小段距离后再次停住，然后再继续向西方运行，同时渐渐缩小。由于水星上没有空气，即使在白天，水星的天空也是黑暗的，太阳的外层大气日冕可以显露出来，而星星则会和太阳一同出现在天空，虽然明亮，却不会闪烁。

金星

金星和地球很像是一对姊妹行星。它们有很多相似的地方，金星只是在个头上稍小一点，重量上稍轻一点，距离上稍近一些，看起来就像是大自然为生命备份了两颗行星，但现在的金星环境却相当极端。

金星甚至比水星还热，它全球表面的温度高达 480 摄氏度。这是因为金星有着极为浓密的大气，表面大气压相当于地球海洋 1 千米深处的水压，大气中 97% 是二氧化碳，其中飘浮着硫酸的云层。二氧化碳强大的温室效应，导致了金星表面的高温，猛烈的风又把热量布散到金星各处，使得金星上没有凉爽的夜间，也不存在寒冷的两极地区。与地球自转轴的

23.5 度倾角相比，金星的自转轴倾角只有 2 度多，几乎和公转轨道面垂直，这使得金星也没有季节变化。

金星的大气活动极为猛烈，常常会出现大规模的闪电和雷鸣。苏联 1978 年发射的"金星 12 号"探测器降落金星表面过程中，记录到 1000 次闪电，最大的一次持续 15 分钟；1981 年，"金星 13 号"登陆金星表面，工作了 127 分钟就毁坏了（见图 11-2）。金星表面遍布火山，直到现在它们还在不停地喷发，滚滚岩浆到处流淌，外表美丽的维纳斯其实是一个实实在在的炼狱。

图 11-2　苏联"金星 13 号"于 1981 年登陆金星表面

地球和金星这对姊妹行星，到太阳的距离仅仅相差了 4200 万千米，环境相差就如天壤之别。由于这两颗行星是由同一片星云物质形成的，最初它们的条件应该非常接近，现在为什么差异如此巨大呢？一个很可能的原因是，地球正好落在了太阳的"生命带"内——距离太阳不远也不近，而金星则没有，距离的这一点变化引起的连锁反应，最终导致了金星环境发展到了另一个极端。这样，太阳或者其他恒星的"生命带"很可能并不像一部分乐观天文学家估计的那样宽广。

火星

地球轨道外面的火星，被看作地球的"孪生兄弟"，因为两行星有很多相似之处：火星的自转周期是 24 小时 37 分，这样它的昼夜变化就与地球非常类似；火星自转轴的倾角是 25 度，接近地球的 23.5 度，这样它的四季变化就与地球非常类似，只不过火星的一年要长些，是 687 天；火星的两极有白色的极冠，使人想到地球白雪皑皑的两极地区。直到 20 世纪初，很多人都还相信火星上生活着拥有高度智慧的火星人。

2015 年 9 月，美国宇航局发现火星表面有间歇性的液态水出现。"好奇号"火星探测车甚至在火星上发现了一个早已干涸的远古淡水湖，并且找到了碳、氢、氧、硫、氮等关键的生命元素，由此推测，在遥远的过去，火星很可能拥有充沛的水。天空里飘浮着朵朵白云的火星给人以无限遐想，有人甚至异想天开地提出，也许地球人就来自火星。

地球这个"孪生兄弟"现在的情况不是太妙。火星的大气极其稀薄，大气压不足地球的 1%，其中 95% 是二氧化碳。远离太阳，大气又稀薄，导致它极为寒冷，表面平均温度比地球低了约 50 摄氏度。

　　火星地表极为荒凉，到处是沙砾与岩石覆盖的平原，因为其沙石中含有铁锈（氧化铁）的成分，看起来呈暗红色，就像一颗生了锈的星球。火星上常常刮起巨大的风暴，漫天沙尘遮天蔽日，甚至能覆盖整个行星。"勇气号"火星探测车拍摄了火星上的日落（见图 11–3），在这样的星球上看日落，会是怎样的心情呢？

图 11–3　"勇气号"拍摄的火星日落

看来，即便是类地行星，它们的环境差别也极大。宇宙为太阳系预备了四颗类地行星，这就确保有一颗能够落在太阳的生命带里。

类木行星

八大行星中的另外四颗——木星、土星、天王星、海王星，都位于寒冷的太阳系外部，称为外行星，土星、天王星、海王星都和木星类似，与木星一起称为类木行星。

类木行星的第一个共同特点是体积巨大。最大的是木星，直径为 14 万千米，体积是地球的 1300 多倍，质量是地球的 318 倍，其他七大行星全部加起来，质量还不到木星的一半。土星排第二，直径为 12 万千米，体积是地球的 750 倍，它和木星一起还被称为巨行星。天王星和海王星排在第三位和第四位，直径分别是 5.1 万千米和 4.9 万千米。接下来我们将会看到，巨大的类木行星在保护地球安全方面起着重要的作用。

类木行星的第二个共同特点是，其表面是主要由氢气和氦气形成的浓密大气层，大气层下面是由液态氢和液态氦组成的深深的海洋，温度都在零下 100 多摄氏度。有一个石质和铁质的核心，但只占不大的比例。因此，类木行星的密度都比较低，其中土星的密度最低，只有水密度的 70%。

这样，类木行星明显是不适合生命的，但它们的一些卫星，体积颇大，且具有固体的外壳，而且含有液态水，被认为是很有希望的星球，其中木卫二是最被寄予厚望的一颗。

木卫二比月亮稍小，直径为 3100 千米，拥有稀薄的含氧大气，与木星之间的平均距离为 67 万千米，公转 1 周只需 3.5 天。跟其他的木卫一样，木卫二被木星的潮汐力锁定，永远以固定的一面朝向木星。木卫二的表面覆盖了一层厚厚的冰，冰层上布满了陨石撞击坑和纵横交错的条纹，冰层下面很可能隐藏了巨大的液态水海洋，其水量之大，超过了地球上的总水量（见图 11-4）。这个巨大的液态海洋里，会游动着各种稀奇古怪的鱼类吗？也许，能够发现微生物的迹象，那就是寻找外星生命的巨大突破了。

木卫二的总水量

地球上的总水量

图 11-4　木卫二与地球的水量对比

大行星对地球的保护

木星、土星、天王星、海王星这些巨大的类木行星在太阳系舰队里无疑担负着护卫舰的角色，它们在地球的外围构筑起一道道保护屏障，抵御外来的袭击者，大大降低了小天体撞击地球的概率。如果有不速之客闯入太阳系，这些护卫的大行星会利用强大引力把它们捕获，从而消灭这些来袭者。1994 年 7 月，人类就目睹了一次这样的过程——一颗名叫苏梅克 – 列维 9 号的彗星被木星捕获并消灭。

这颗彗星很久以前从外太空闯入太阳系，悄无声息地潜伏在太阳系里，游荡了一圈又一圈。彗星的行踪逃不过木星，木星早已盯上了它。不久，彗星就被木星的引力捕获，被迫环绕木星飞行。接着木星开始了第二步惩罚。

1992 年 7 月 9 日，彗星被木星拉扯到自己的洛希极限内。洛希极限就是造成天体解体的最近距离，木星的洛希极限距离其表面 12 万千米，一颗小天体进入木星上空 12 万千米以内，就会被木星引力的潮汐作用扯碎。这一次，苏梅克 – 列维 9 号彗星被木星揪到距表面 4 万千米，结果其彗核被碾碎成无数碎块，最大的直径有三四千米。在木星潮汐力的作用下，这些碎块又排成整齐的一列，乖乖地围绕木星运行，远远看去，就像一列彗星列车，又像一串璀璨的太空项链。

惩罚依然没有结束。木星用引力把苏梅克 – 列维 9 号这个大项链在太空甩出 5000 万千米，之后再把它拉回来，最终收进自己的怀抱里。

那是 1994 年 7 月 17 日，这列长达 200 万千米的彗星列车末日来临。它以每秒 60 千米的速度撞击到木星表面，撞击持续到 7 月 22 日（见图 11-5）。5 天多时间里，苏梅克 – 列维 9 号彗星总共释放了 40 万亿吨 TNT 当量的能量，相当于 20 亿颗广岛原子弹爆炸的威力，爆炸产生的火焰温度达到 7000 摄氏度，比太阳表面温度还高；爆炸的闪光如此之强，以至远在 8 亿千米外的地球上的人类借助望远镜就可以看到。木星表面虽然被撞出了几块小黑斑，一段时间过去，就一点痕迹也没有了。

据有人统计，发生在木星上的小天体撞击概率是地球的 2000 至 8000 倍，毫无疑问，由于木星等大体积行星在外围的拦截，地球的安全系数大大增加。恐龙灭绝被认为很可能是天体撞击造成的，那样规模的撞击概率大约 1 亿年会有 1 次。如果没有四颗类木行星在太阳系外围的保护，地球遭受大撞击的概率就会大大增加，如果是那样，大型哺乳动物尤其是人类，在地球上恐怕永远没有出头之日了。

行星清空了太阳系内的威胁

地球处在温暖的太阳系内部，有一个安全的环境，这得益于众行星早期对太阳系内部的"清空"。太阳系这个大舰队初建成功的时候，会遗留下很多小天体，如果它们一直在太

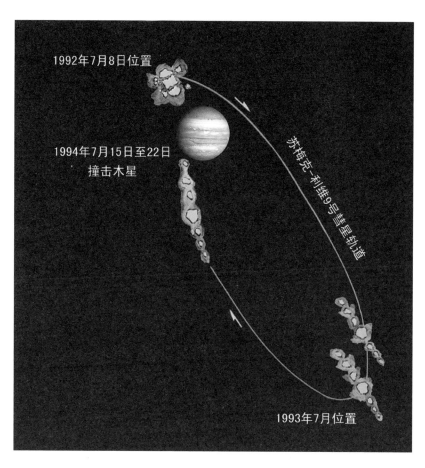

图 11-5　苏梅克－列维 9 号彗星撞击木星示意图

阳系内部晃悠，对生命来说绝非好事。大行星们会通过一种称为"引力弹弓"的方式把小天体弹射到太阳系外，从而清空这些危险分子。

引力弹弓效应，就是小天体靠近行星时，被行星引力拉着飞行一段距离，从而获得更大的速度。在机场或商场平缓的电梯上很容易体验到这种感觉，以某个速度走上电梯，并在电梯上保持步行速度，运行的电梯会把能量传递给你，等到走出电梯时就会明显感觉到速度加快了。在太空探索中，科学家们常借用行星的"引力弹弓"来给探测器加速，从而用较少的燃料到达较远的目标。1977 年发射的旅行者号姊妹探测器，就上演了利用行星引力弹弓飞出太阳系的精彩一幕，这过程有助于我们理解引力弹弓的强大效应。（见图 11–6）

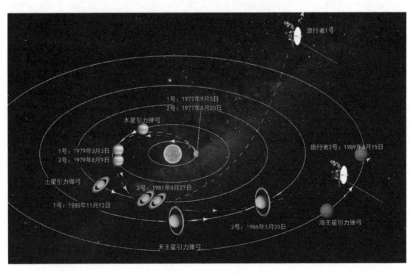

图 11–6　旅行者 1 号、2 号利用行星引力弹弓弹出太阳系的过程

　　旅行者号的发射利用了 179 年一遇的特殊行星排列。1979 年 8 月 9 日，旅行者 2 号飞越木星，木星的引力弹弓把它弹向土星；1981 年 8 月 27 日，旅行者 2 号飞越土星，土星的引力弹弓把它弹向天王星；1986 年 1 月 30 日，旅行者 2 号飞越天王星，天王星的引力弹弓把它弹向海王星；1989 年 8 月 15 日，旅行者 2 号飞越海王星，海王星的引力弹弓给它最后一次加速，旅行者 2 号踏上了飞向太阳系外的漫漫旅途。

　　旅行者 1 号晚半个月发射，但它进入了一条更快的轨道。1979 年 3 月 3 日，旅行者 1 号到达木星，并借助木星的引力弹弓弹向土星；1980 年 11 月 13 日，旅行者 1 号到达土星，由于发现土卫六拥有浓密的大气层，控制人员临时决定让旅行者 1 号舍弃探访天王星和海王星的计划，让它靠近土卫六探测，然后利用土卫六的引力弹弓效应，直接弹向太阳系外，目前旅行者 1 号是飞得最远的人类探测器。

　　行星清空太阳系的引力弹弓效应与旅行者号的发射类似，但引力弹弓的加速不需要一次完成，每一次加速都会使小天体能量提升，轨道变得更大，经过多次轮回，甚至持续若干万年，小天体最终会被弹出太阳系。对于已经有 50 亿年历史的太阳系来说，在地球上进化出哺乳动物之前，大行星有足够的时间来清除太阳系内部，为地球生命预备好安全的太空环境。（见图 11-7）

图 11-7　太阳系在日球层的保护下，顶着星际空间的辐射劈波斩浪前行

太阳系为何如此稳定

太阳系已经存在了 50 亿年，这样一个庞大的联合系统为什么能够如此稳定而长久地存在呢？科学家也是相当困惑的。

早在牛顿的时代，人们就已经发现，木星在缓慢地进行螺旋向内运动，而土星则逐渐向外，照这样下去，几万年之后太阳系就会崩溃。牛顿无法用他的理论来解释这一现象，因为如果考虑所有行星之间的引力关系，就太麻烦了，牛顿认为它超出了人类思维所能及的范围，只能把太阳系的稳定归为上帝大能的控制。

但 1776 年法国的拉普拉斯攻克了这一难题。拉普拉斯是天体力学的集大成者，他证明，木星和土星的轨道变化是周期性的，木星缓慢螺旋向内运动到一定程度，就会反过来向外运动回去，而土星向外运动到一定程度也会返回内部，这是一个周期为数千年的振荡而已。

拉普拉斯又用自己的理论来反演太阳系，推断出行星在古代天空中的位置，比如他曾推算出，"公元前 228 年 3 月 1 日 4 时 23 分（巴黎时间），土星位于室女座 γ 星（东上相）下方两个手指处"，这结果和 2000 年前巴比伦人的观测记录惊人地吻合，这使拉普拉斯对天体力学的自信达到顶点，并最终导致了拉普拉斯式的决定论：假如有一个全能的智者（后被称为拉普拉斯妖），能知道某一刻所有自然运动的力和物体位置，那么未来就会像过去那样出现在他面前。

当时拿破仑问拉普拉斯："你的学说里为什么没有上帝？"拉普拉斯毫不犹豫地回敬道："陛下，我不需要那个假说。"在拉普拉斯体系下，一切都是精确可知的，太阳系是完全稳定的，拉普拉斯认为他已经证明了行星的轨道是"牢不可破"的。

但后来人们发现拉普拉斯还是错了，后来的数学证明，行星轨道从长期来看本质是混沌的，不可预测的。对于一个天体系统来说，一个微小的引力扰动，在若干万年以后究竟会引发什么样的后果，从根本上无法确知，就如同蝴蝶效应一样，任何有关行星命运的结论都必须用概率来表达。

现代的天文学家使用超级计算机模拟太阳系的行星运行，发现即使把行星的位置精确到一个原子直径，依然无法准确预报1亿年之后它们的位置，这表明太阳系本质确实是混沌不可知的，各种结果都有可能出现，比如地球撞向太阳或被弹出太阳系等极端结果都是可能的。

但一个明显的事实是，自太阳系形成以来，这个庞大而复杂的天体系统已经稳定地运行了50亿年。这表明，大自然存在一种人类尚不明白的机制，能够维持太阳系的长久稳定。

　　太阳系实在是一个理想的宇宙生命保障系统，当这个系统预备好之后，生命就在地球上顺利诞生了，那是宇宙伟大创造的自然延续。

第12章
茫茫宇宙觅知音

高级智慧生命绝不仅仅生存于地球上。

存在外星人吗

我们是宇宙孤独的旅行者吗？外星球上存在智慧生命吗？夜空的点点繁星里，会不会有无数双眼睛也在搜寻和远望我们？

宇宙如此浩瀚，仅仅只有地球这一个星球上有智慧生命，是很奇怪的事情。就像一棵枝繁叶茂的大果树，只在其中的一个小枝头挂着一只小小的果子，这当然很不合理。在很多天文学家看来，询问外星人是否存在这个问题，有些类似于哥伦布航海之前人们问：存在新大陆吗？新大陆上会有人吗？其实，太阳系外每一个类似地球的行星都是一个新大陆，如果在某些新大陆上生存着未知的"印第安人"，是很平常的事情。

1961年11月，美国西弗吉尼亚州绿岸镇附近的射电天文台，举办了一次探讨地外智慧生命的学术会议。与会的科学家普遍相信，在合适的行星上出现生命是确定无疑的。天体物理学家德雷克甚至提出了一个"绿岸公式"，来推测银河系内有可能与我们进行通信的智慧文明数量。因为各项因子都不确定，推测的结果差异很大。卡尔·萨根最乐观，他估计银河系有超过100万个文明星球；科幻作家阿西莫夫认为这个数目是50万；德雷克本人估计是1万个。大家估算最少数目也不会低于40，这个数字和"银河系漫游指南"里给出的宇宙终极答案——42很接近。

外星人会是什么样子？会在哪里？

地球是大自然给我们的明显启示。外星生命纵然可以极端不同，但基本上可以肯定，最大的可能是类似地球的、基于碳基编码的生命，因而，它们的生存环境应该类似地球。

这样，天文学家们就把寻找外星生命的目光投向了类地行星，那里应该有水，有氧气，温度合适。当然，前提是，必须先有一颗适合生命的恒星。

什么样的恒星支持生命

仰望布满星星的夜空总会让人有无限的遐想，那些星点旁边的行星里会有智慧生命存在吗？那上面有孩子们正在嬉笑追逐吗？有青年男女在谈情说爱吗？有农夫正在田间劳作吗？有军队正在激烈厮杀吗？有老年人在冬日的暖阳里憩息吗？有车水马龙的街市吗？这发生在我们身边的一幕幕，是那样平淡无奇，不会引起关注，但如果这样的情景正在外星球上演，着实会让我们震撼不已。

究竟哪些恒星能够支持智慧生命呢？

第一，支持智慧生命的恒星最可能是主序星。

主序星就是处于青壮年时期正常发光的恒星，它们由核心的氢核聚变反应提供能量。如果一颗恒星已经老去，变成了红巨星甚至白矮星，它的周围将不会有生命；即使以前曾经有过，也会在主序星向红巨星和白矮星的剧烈转变中消亡。

金牛座的亮星毕宿五是冬夜的明星，它正步入晚年，体积大大膨胀，直径超过 6000 万千米，如果把它放到太阳的位置，在地球上看，它的圆面比太阳大 1800 多倍。这个阶段的毕宿五很不稳定，亮度极不规则地变化，在 1000 万年内就会变成星云。哈勃空间望远镜观测到毕宿五至少拥有 5 颗行星，可以断定，在这些行星上不会再有孩子们的欢声笑语了。

同样，天蝎座的心宿二、猎户座的参宿四都是明亮的红巨星，也不要期待在它们周围有灯红酒绿的场景。参宿四已经演化到红巨星末期，随时都可能发生超新星爆发，它若爆发，亮度会超过满月，白天也能看见，这奇观非常值得期待。鉴于它距离我们有 600 多光年，它的光芒传递到地球需要走 600 多年时间，说不定它已然爆发，超新星的光芒正在飞向地球的途中也未可知。

　　牧夫座明亮的大角星是一颗橙色巨星，它的质量和太阳差不多，但演化到后期的它，体积已经膨胀到太阳的 1 万多倍，辐射强度比主序星时期强了好多倍，即使它周围曾经孕育了智慧生命，他们也会在经历一段炼狱般的挣扎后归于寂静。小犬座的南河三是太阳系的明亮近邻，闪光在冬夜的星空里，距离太阳系只有约 11.4 光年，但它也开始走向晚年，已经膨胀成为亚巨星，正在向红巨星演变，智慧生命存在的可能性正在消失。

　　太阳系附近还有两颗著名的白矮星——大犬座的天狼星 B、小犬座的南河三 B，距离分别是 8.6 光年和 11.4 光年。红巨星推开外层气体剩下的残骸是白矮星，这一过程抛失了大量质量，但不会毁灭恒星周围的行星。行星会因为中央恒星的质量变小而缓慢外移，从而在一个更大的轨道上继续围绕白矮星运行，只是它上面的智慧生命不可能挨过这漫长的灾变过程。

　　银河系的恒星有 10% 步入老年，成为红巨星或白矮星，在这些星球周围的行星上，不可能再有燕子呢喃，也不会听到白鹤鸣叫，一切劳作的声音也都止息了。

第二，大质量恒星难以孕育智慧生命。

　　要孕育智慧生命，恒星必须维持足够长的稳定发光时间，也就是寿命足够长，使生命有时间进化。地球进化出智慧生命用了 46 亿年，不能确定这一时间长度是否具有典型性，但在地球上，所有同类的生物都有类似的生命周期，进化本身也很可能存在类似的周期，外星智慧生命进化需要的时间也不会相差太悬殊——大约 10 亿年的假设是比较合理的，这就要求恒星的寿命最好在 10 亿年以上。

处于青壮年时期的主序星，质量越大，燃烧越猛烈，寿命就越短。大质量恒星能够快速为银河系制造出支持生命的重元素，但其本身并不太适合支持生命。例如，天狼星 A 的质量是太阳的 2 倍，它只能在正常的主序停留 10 亿年，然后就会膨胀变成一颗红巨星，它目前的年龄只有几亿年，这对进化出智能生命来说显得不太充足；虽然有流传很广的关于天狼星人的传说，但它周围有智慧生命的可能性微乎其微。

织女星的情况和天狼星 A 差不多，它的质量是太阳的 2.5 倍，寿命不到 10 亿年；狮子座的亮星轩辕 14 质量是太阳的 4 倍，寿命只有 1 亿岁，目前年龄是 5000 万岁，天文学家们不会把宝贵的望远镜使用时间浪费在它们上面。猎户座的参宿七、天鹅座的天津四质量更大，是超级巨星，更不可能支持生命了。不过大质量恒星数量不多，只占银河系恒星总数的 1%。

第三，小质量恒星对生命并不理想。

小质量恒星温度较低，颜色发红，大多是红矮星。红矮星燃烧缓慢，具有非常长的寿命，比如离太阳系最近的恒星——比邻星，就是一颗红矮星，其质量是太阳的 1/8，寿命超过 1 万亿年，但这样的恒星太暗，比邻星发光量大约只有太阳的 1/20,000，一年发的光还不及太阳的半小时。

一颗围绕红矮星运行的行星要能孕育生命，唯一的办法是向恒星靠拢，以获得足够的热量。但这时恒星的潮汐引力很可能会将行星锁定，行星永远只能以一面对着恒星，就像月亮绕地球那样，结果行星的一半被持续烘烤，另一半则近乎永久冰冻，这当然对生命是很不利的。如果行星上的空气很多，它的气候会很不稳定，热空气与冷空气的循环会导致猛烈的暴风席卷整个行星，且永不停息；如果行星上的空气稀薄到足够平静，它又难以维持智慧生命的需要。

不但如此，大多数红矮星还相当不稳定，经常发生强烈的耀斑爆发。天文学家发现一些红矮星每天能爆发多次耀斑，紫外辐射会瞬间增强几百倍到上万倍。在那几分钟内，恒星甚至由红色变成蓝色，辐射出强烈的紫外线，这会杀死行星上暴露在外的生命。另外，红矮星的紫外线和高能带电粒子很容易把距离很近的行星大气吹跑，导致行星失去它的大气层，进而失去它表面的海洋。红矮星如果有强大的磁场，可以保护自己免受高能辐射的袭击，可由于它自转极慢，即便有一个金属内核，也不太可能有强大磁场。由于这些原因，红矮星周围的环境必定极为艰苦，不排除大质量红矮星周围有低等的微小生命生存在行星的表面之下，但大型智慧生命生存的可能性极小。

绝大多数红矮星可以从支持智慧生命的恒星名单里暂时排除，这部分恒星占银河系恒星的 80% 以上，这样，能够支持智慧生命的恒星不会超过总数的 10%。

第四，有些双星难以支持智慧生命。

双星在银河系很普遍，太阳系的近邻南门二就是一对双星，很多人称它是人类恒星际旅行的第一站。

这两颗恒星和太阳很相似，A 星稍亮一点，B 星稍暗一点，每一颗星都是最理想的生命支持者，但它们两个一绕转，情况就不太妙了。南门二双星在一个椭圆轨道上互相环绕，周期为 80 年。它们相距最近约为 17 亿千米，比太阳到土星稍远；最远为 53 亿千米，比冥王星稍近。

如果有一颗行星在类似地球的轨道上环绕南门二 A 星，从行星上看，A 星和太阳差不多，B 星的亮度在 170 个满月至 2300 个满月间变化。

如果一颗行星在类似地球的轨道上环绕南门二 B 星，从行星上看，B 星和太阳差不多，A 星的亮度在 520 个满月至 6300 个满月之间变化。

对于习惯地球夜空的人类来说，双星的天空是奇特的，但对围绕双星运行的行星上的生命来说则是不祥的。在双星干扰下，行星的轨道很难维持稳定；甚至，双星之间的广大区域里难以形成行星，除非离某一颗恒星距离特别近。当恒星演化时，一颗恒星的引力会影响另一颗恒星的物质盘，两颗恒星都难以产生行星，存在于恒星周围的将是无数颗毫无价值的小行星。事实上，太阳系的小行星带，位于火星和木星之间，就是一个没能形成行星的遗物，那是木星引力干扰导致的结果。

2012 年 10 月 16 日，天文学家在南门二 B 星旁发现一颗行星，质量与地球相当，它果然紧贴着 B 星运行，距离只有 0.04 天文单位（天文单位数值是地球和太阳之间的平均距离：1.5 亿千米）——600 万千米，是水星到太阳距离的 1/10，每 3 天多一点就绕恒星公转 1 周；行星表面温度至少有 1200 摄氏度，是不可能有生命存在的。

综合各种条件，适合生命的恒星能够百里挑一就算不错了。由于银河系有 3000 亿颗恒星，这样算下来大概会有 30 亿颗适合的恒星，它们都与太阳非常相似，这是自然的，因为太阳本身在孕育生命上相当成功，和它越相似才越有希望。

寻找类地行星

有了合适的恒星，还要有围绕该恒星运行的类似地球的行星。太阳有八颗大行星，其他的恒星也都会有自己的行星吗？这些行星中有类似地球的行星吗？

由于行星比恒星小得多，自身又不发光，探测起来非常困难。比如，从 10 秒差距（32.6 光年）外观测太阳系，地球的亮度只有 28 等，而且紧挨着太阳，完全淹没在太阳的光辉里，直接用望远镜看到的可能性极为渺茫。天文学家们主要用间接方法寻找行星，比如行星引力会拉动恒星，使其运动速度发生微小变化等。现代测量技术进步之大令人惊讶，4.2 光年之外的比邻星，速度哪怕发生每秒 1 米的变化——相当于人的步行速度，都可以被测量出来。

1995 年 11 月，天文学家发现了飞马座 51 星的一颗行星。飞马座 51 星距离约 50 光年，质量、大小都和太阳差不多，是非常理想的恒星，然而那颗行星距离恒星太近，不到 800 万千米，只有水星轨道的 1/8，围绕恒星旋转一周只需 4.2 天，明显不在恒星的生命带里。

此后，由于技术改进，尤其是 2009 年以搜寻行星为目标的开普勒空间望远镜发射升空，太阳系外行星发现得越来越多。这些行星大多是类似木星的巨大行星，距离中央恒星大多小于日地距离，与地球的条件相去甚远。

2015 年 7 月 24 日，开普勒空间望远镜新发现了第 1935 颗系外行星——开普勒 452b，它被称为"地球 2.0"。从外观上看，开普勒 452b 与地球的相似度达到了 98%，直径是地球的 1.6 倍，到母恒星的距离和日地距离差不多，公转周期为 385 天。

开普勒 452b 的母恒星开普勒 452 位于 1400 光年远的天鹅座方向，也是一颗非常理想的恒星：年龄约为 60 亿年，温度和太阳相同，亮度是太阳的 1.2 倍。目前离确定开普勒 452b 上面是否有生命还为时过早，因为无法确定上面是否有水和空气。

2016 年 5 月 10 日，美国宇航局又公布了开普勒太空望远镜确认的 1284 颗系外行星，使发现的太阳系外行星总数超过 3200 颗，处在恒星宜居带内有希望存在生命的系外行星达到 21 颗。

太阳系外行星的大量发现，证实了天文学家们的猜想：恒星普遍都有自己的行星。但是，行星的个头类似地球吗？到恒星的距离合适吗？有适宜的温度吗？表面有大量的水吗？有充足的氧气吗？

这些条件都具备的比例是相当低的，加上恒星的因素，粗略地估计，银河系将会有几十万颗类似地球的行星，它们是广袤的银河大漠中的绿洲，很可能生存着智慧生命。

与外星人联系的尝试

如果茫茫宇宙中存在大量的外星智慧生命，我们能和这些外星人建立联系吗？这是一个巨大的诱惑，20 世纪 70 年代，

科学界刚刚具备大功率射电通信能力，天文学家们就开始了
与外星人联系的尝试。

波多黎各山谷中那台巨大的射电望远镜——阿雷西博望
远镜是探索外星智慧生命的先锋，1974 年，科学家们把这台
射电望远镜对准武仙座的球状星团 M13，向其发送了一组信
号，透露出了人类的一些关键信息，比如人类的 DNA 构成，
人类的外形、身高、数量，太阳系的情况等。M13 距离远在
25,000 光年之外，这些无线电信号传递到那里，需要 25,000 年。
如果那里有高度智慧的外星人，能够接收到这信号，并给予
回应，信号传回地球也是 5 万年以后的事情了。

距阿雷西博发送信息仅仅过去了不到半个世纪，现在看
发送的信息已经过时了不少。人类 DNA 双螺旋碱基对的数量
搞错了；地球人口数量又增加了快一倍；那时候太阳系有九
大行星，现在成了八大行星。2006 年，国际天文学联合会重
新定义行星概念，冥王星从太阳系"第九大行星"地位下降
到"矮行星"。不知道这些信息会不会误导外星人，但这可能
让霍金感到满意，按照霍金的看法，最好不要把人类的信息
披露给外星人，那可能给人类带来危险。

霍金的忧虑和科幻小说中的黑森林法则有些相似，这法
则认为，宇宙就是一座黑暗森林，每个文明都是带枪的猎人，
像幽灵般潜行于林间，消灭出现在他面前的每一个生命，因
为那对他而言是永恒的威胁。这样，任何暴露自己存在的生

命都将被很快消灭。

霍金也许有些杞人忧天，因为结论完全有可能相反，高度文明的外星人也可能不像地球人那样富于侵略性。要想到达其他星球，技术必须发展到很高的水平。技术永远是一把双刃剑，如果一个星球的文明发展出极高的技术，而他们的道德水平却不能约束它，那么这技术最可能首先毁灭自身。因此，越是科技发达的文明，它的道德水平可能越高。这样，主动发射信号去搜索外星文明，根本就不是什么危险的事。

再回到 20 世纪 70 年代。那时人们对太空探索几近狂热，不考虑什么时候或者能不能收到回音，也不考虑危险不危险，只管去做。在那 10 年里，美国先后发射了四个飞向太阳系外的探测器——先驱者 10 号、11 号，旅行者 1 号、2 号，这四个探测器都有和外星智慧生命联络的方案。

先驱者 10 号和 11 号上面携带的是一张地球名片——一张 15×23 厘米大小的镀金铝板，它把地球人类的关键信息暴露无遗（见图 12-1）。

名片上刻有地球人类男女的裸体形象，男人举起右手表示向外星人致意；在他们身后，是相同比例的先驱者号飞船的轮廓，外星人可以根据比例推断出地球人身高。

名片的左方绘有一个放射性的符号，有 15 条直线从同一点放射出来，其中 14 条线段表示银河系中 14 颗特定频率的脉冲星，它们标记了太阳的位置，高度发达的外星文明可以根据每颗脉冲星独特的讯号周期轻而易举地找到这些脉冲星并定位太阳系。

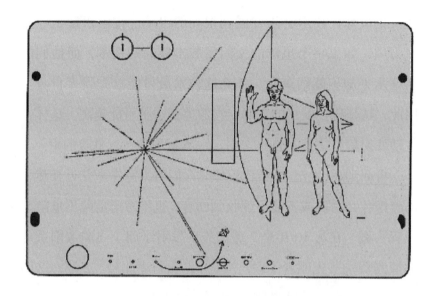

图 12-1　先驱者 10 号和 11 号携带的地球名片

找到太阳系后还能很快定位地球，因为铝板下方绘出了太阳系的图案。太阳与行星按由内向外的顺序画出，圆圈的大小代表星体的相对尺寸。从左数第四个小圆圈发出的曲线表示先驱者号探测器的旅行轨迹：由太阳系的第三颗行星——地球出发，绕过第五颗行星木星，向太阳系外飞去。

旅行者 1 号和 2 号上携带的是一张金唱盘（见图 12-2），存储的信息比先驱者号丰富了许多。金唱盘里存储有 116 幅

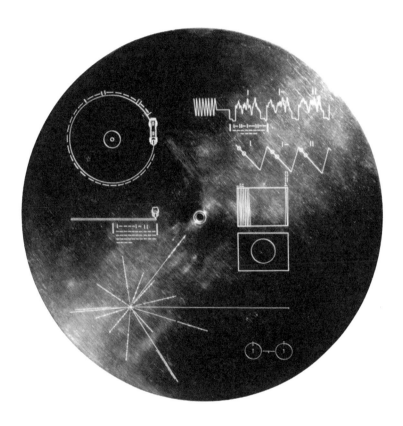

图 12-2　旅行者 1 号和 2 号携带的金唱盘

图像，展现了地球各种风貌；有一个 90 分钟的地球之声，记录了地球上的各种声音；有 27 首世界名曲，包括中国古曲《流水》；有 55 种人类语言对外星人的问候，其中包括 4 种中国的方言（普通话、闽南语、粤语、吴语），不知道外星人能否感受到地球人的友善和向往。金唱盘中还有这样一句话："通往星空之路困难丛生。"

参与设计先驱者号地球名片和旅行者号金唱盘的人中，卡尔·萨根是极为热心的一个。在美国，作为天文学家的卡尔·萨根的知名度一度超过所有的影星、歌星、国家领导人，1991 年美国青少年评选的"十大聪明人"，卡尔·萨根名列榜首。

1989 年，旅行者 1 号越过冥王星轨道后，卡尔·萨根希望它回望一眼地球，让人类获得一个遥望地球的视角。1990 年 2 月 14 日情人节这天，在 64 亿千米外，旅行者号拍摄了地球的照片——迄今为止最远的地球照片，一个只有 3 个像素的蓝色小点（见图 12-3）。

根据这张照片，萨根后来写成了科普名著《暗淡蓝点》，在书的序言中萨根写道：

再看看那个光点，它就在这里。那是我们的家园，我们的一切。你所爱的每一个人，你认识的每一个人，你听说过的每一个人，曾经有过的每一个人，都在它上面度过他

图 12-3　图片偏右光带里的暗淡蓝色小点，就是从 64 亿千米之外拍摄的地球

们的一生。我们的欢乐与痛苦聚集在一起，数以千计的自以为是的宗教、意识形态和经济学说，所有的猎人与强盗、英雄与懦夫、文明的缔造者与毁灭者、国王与农夫、年轻的情侣、母亲与父亲、满怀希望的孩子、发明家和探险家、德高望重的教师、腐败的政客、超级明星、最高领袖、人类历史上的每一个圣人与罪犯，都住在这里——一粒悬浮在阳光中的微尘。

在浩瀚的宇宙剧场里，地球只是一个极小的舞台。想想所有那些帝王将相杀戮得血流成河，他们的辉煌与胜利，曾让他们成为光点上一小部分的转眼即逝的主宰；想想栖身于这个点上的某个角落的居民，对别的角落几乎没有区别的居民所犯的无穷无尽的残暴罪行，他们的误解何其多也，他们多么急于互相残杀，他们的仇恨何其强烈！

……

有人说过，天文学令人感到自卑并能培养个性。除了这张从远处拍摄的我们这个微小世界的照片，大概没有别的更好办法可以揭示人类的妄自尊大是何等愚蠢。对我来说，这强调说明我们有责任更友好地相处，并且要保护和珍惜这个淡蓝色的光点——这是我们迄今所知的唯一家园。

第13章
穿越星际去旅行

我们可以去拜访外星人吗?

我们的宇宙之旅到达尾声。展现在人类面前的,是一个无限浩瀚的宇宙,这个宇宙经历了一个伟大的创生过程,一步步造就了空间和时间,造就了原子和星球,最后是我们的诞生,这实在是一个激动人心的浩瀚时空和激动人心的创生之路。而且,还可以肯定的是,人类并不孤独,宇宙中有无数的文明与我们同在。

我们能够去拜访宇宙中的同类吗?

假设银河系中能够进行无线电通信的文明星球总数有30万个,而且大致均匀分布在银盘里,那么每个文明间的平均距离大约是600光年。假如到21世纪末,宇宙飞船的速度可以达到每秒300千米,以这样的速度到达太阳系最近的恒星邻居南门二需要4300年,到达600光年之外需要60万年时间,这根本实现不了银河系内的恒星际穿越，更不要说到其他星系去旅行了，仅仅是那个近邻——仙女星系 M31 也远在 250 万光年之外。

我们被永恒地囚禁在浩瀚宇宙中一个小小的星球上了吗？

狭义相对论之梦

狭义相对论揭示出这样一幅美妙景象：由于速度可以使时间的流逝变慢，一个人即使在自己短暂的一生中，也有可能漫游整个宇宙！

根据狭义相对论的理论，速度越快，时间流逝得越慢。假如宇宙飞船速度达到光速的 99%，飞船上的时间流速将只有地球的 14%。地球上过去 100 年，飞船上只过去 14 年，这使得几百光年范围内的恒星旅行在一生中变得可能。如果速度达到光速的 99.999,999%，时间流速将变慢到十万分之十四，地球上过去 10 万年，飞船上仅过去 14 年，这样在乘客的一生中，就可以穿越整个银河系。只要速度无限接近光速，时间就可以无限变慢，这样从理论上来说，在人的一生中可以实现随意漫游宇宙。当然，地球的时间依然按原来的速度流逝。一艘极其接近光速的宇宙飞船，可以在乘客感觉很短时间内漫游几百亿光年再返回来，但此时地球时间已经过去了几百亿年，太阳早已熄灭变成白矮星，地球早已生机不再了。

要实现这种大幅度的时间变慢效应，需要的速度极高，也就是非常接近光速。会有这样的宇宙飞船吗？

如何加速

未来能够大大提升飞船速度的方案，容易想到的有以下几种：

核聚变动力飞船

就是用类似微型原子弹爆炸的装置产生的能量作为动力，"底达罗斯"方案就基于此原理。这艘设想中的飞船大得惊人，总重量超过 5 万吨，火箭高达 230 米，70 层楼高，最宽处直径 130 米，比两个足球场还大，美国曾经制造过的最大火箭"土星五号"在它面前简直不值一提。火箭需要携带 3 万吨氦 –3 和 2 万吨氘作为核聚变燃料，而这仅仅能飞往 6 光年之外的巴纳德星。

核聚变最多能够把 7/1000 的质量转化成能量，飞船最终可以达到的极限速度是每秒 3.7 万千米，以此速度飞往近邻巴纳德星需要 50 多年。

反物质动力飞船

反物质和物质相遇会湮灭，质量全部转化为能量，其效率是燃烧石油的上百亿倍，是核聚变反应的 100 多倍，湮灭产生的能量中只有60%可以用作飞船的动力，这将是效率最高的飞船，只需几克反物质燃料即可把一个不太大的探测器在40年内送到南门二。

这种飞船的困难在于取得反物质材料，因为并没有天然存在的反物质可供开采，只能把湮灭过程反过来，使用粒子加速器制造反物质，这过程需要消耗极大量的能量。现在全世界每年制造出来的反物质仅有百亿分之一克，还不够加热一杯咖啡，全世界大型粒子对撞机开动1000年才能制造出1微克反物质。而据测算，一艘重量为100吨的宇宙飞船，速度要想达到光速的40%，需要携带的反物质相当于80艘超级油轮的装载量。而且，反物质只要和物质相遇就要湮灭，如何保存大量反物质也是极难克服的困难。

激光帆飞船

利用激光束推动太空帆也是设想的方案之一。它需要在太空或者月球上建立一个太阳能激光阵列，通过一个直径达上千千米的透镜，把激光束聚焦到一片远程太空帆上，太空帆的直径达上百千米，宇宙飞船就附着在这个太空帆上。

如果用这种方式飞向南门二，激光阵列需要产生的激光束功率高达7.2万亿瓦（大约是2014年中国全国平均用电功率的10倍）。在旅程的前一半，激光的光压推动太空帆和宇宙飞船向前加速，持续不断地加速40年，飞船的速度可以达到光速的 1/5——每秒 6 万千米。旅程的后一半飞船开始减速，减速的办法是，将位于激光帆中央的宇宙飞船与帆脱离，并甩向帆的后方，把激光帆变成一个反射镜，它把激光束反向聚焦在飞船上，这时候激光束变成了阻力，飞船就慢慢减速，同时它与帆越来越远，到达目标星时飞船的速度可以降低到环绕飞行。

近光速旅行的唯一理论方案

上述几种方案技术难度极大，也最多只能把飞船加速到光速的 1/5 左右，与近光速飞行相去甚远。把飞船提高到极其接近光速还面临另外一个巨大障碍：物体越接近光速，它的质量会变得越大；如果飞船的时间流逝变慢到万分之一，质量也将增加到 1 万倍。将飞船加速到极其接近光速，以实现时间的大幅度变慢，需要的能量如此之大，以至于用人类的手段根本不可能实现。

理论上也不可能实现近光速飞行吗？基帕·索恩提出的一个设想，是目前所知的飞船能够达到近光速飞行的唯一可能方案。

这方案需要借助引力弹弓来为飞船加速，不过能够将飞船加速到近光速的引力弹弓并非普通的行星或者恒星能够胜任的，它需要一对非常特殊的黑洞：第一，它们的环绕轨道必须极其椭圆；第二，黑洞必须足够大。

假如有这样一对黑洞，人类可以驾驶飞船接近其中一个，比如 B 黑洞，环绕其旋转，时机合适时借助 B 黑洞的引力弹弓效应弹向 A 黑洞，这样飞船的速度就提升了一次。然后在适当的时机，飞船飞回黑洞 B，再重复上述过程。飞船在两个黑洞之间跃来跃去，飞船就能加速得越来越快。只要双黑洞的轨道足够椭圆，飞船速度就可以无限接近光速；只要黑洞足够大，无限接近光速的飞船依然可以围绕黑洞运行，进而把这一过程继续下去，只是飞船环绕黑洞时需要无限接近黑洞视界。（见图 13-1）

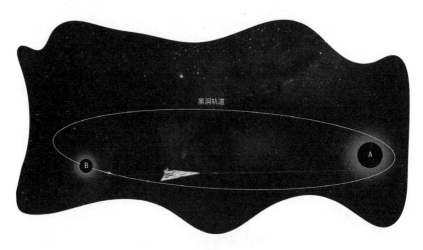

图 13-1　基帕·索恩方案

这样，飞船只需要少量燃料去控制在每个黑洞上方的飞行，就可以不断提升速度。一旦达到了理想的近光速，就可以发动火箭离开黑洞，飞向宇宙深处的目标星系。

方案无疑是非凡的，但这样的双黑洞存在吗？可能性为零。即使有，飞船又怎么飞过去呢？即使飞过去并成功加速了，可它又怎样减速呢？没有任何天体引力能够拉住这样的飞船，除非是黑洞，还必须是同样的双黑洞才能给它减速。

恒星际旅行还有另一个无法回避的问题。若一艘飞船真的以近光速在太空飞行，迎面而来的气体分子和尘埃，相对于飞船的速度就是近光速的，极小的一团尘埃的能量就足以毁灭飞船，这样的飞船是不可能在宇宙中畅行无阻的。

看来，要想加速飞船来实现恒星际的自由穿越，答案很明确：不可能。

难道人类真的永远被囚禁在太阳系附近的空间范围内吗？其实还有一种更可能的途径——虫洞。

虫洞

虫洞是连接两个不同时空的通道，它是广义相对论的推论之一。虫洞这个名词，最早由约翰·惠勒于 1957 年提出。惠勒做了一个比喻，把时空比作一个苹果，在其表面上，从一个点到另一个点需要走一条弧线，但如果有一条蛀虫在这两个点之间蛀出了一个虫洞，通过虫洞就可以在这两个点之间走直线，这显然要比原先的弧线来得近，把这个类比从二维的苹果表面推广到三维的物理空间，就是宇宙的虫洞。

虫洞是宇宙中相距遥远的两点间的一条假想捷径，它有两个洞口，洞口内的距离可以很短，比如几百米，洞口外的距离不受限制，比如几百光年、几万光年，或者若干亿光年。这样，人们从一个洞口进去，只需要走几百米，就可以到达若干光年外的地方，轻而易举地实现恒星际或者星系际的穿越。

虫洞通过超空间联结着其他的时空区域，我们可以用二维画面来理解虫洞的这种联结。用一张纸代表宇宙空间，把这张纸弯折过来，这相当于时空是弯曲的，当然，地球人类并不能感觉到时空是弯曲的，那是在极大尺度上发生的事情。我们会发现，二维空间内相距很远的两个点，在三维空间里可以相当近，只需在纸面上穿一个洞，就可以把二维面上遥远的两点联结起来了。（见图 13-2）

假如虫洞真的在地球附近，那么洞口在我们面前像什么呢？在二维的弯折的纸面上，洞口是一个圆。因此在我们的三维宇宙中，它应该是一个球，有点像黑洞的球状视界。差别在于，黑洞的视界是单向的，任何东西都能进去，但不能从里面出来，虫洞的洞口是双向的，我们能从两个方向穿过它，可以走进洞里，也可以回到外面的宇宙。如果向球状洞口内看，可以看见来自另一个星球的光芒。

图 13-2　虫洞

　　因为时间与空间结合在一起，超越空间，必然同时超越时间。设想一个虫洞的两个洞口，一个位于地球附近，另一个位于 27,000 光年外的银河系中心，洞内的距离只有几百米。你从地球一端的洞口进去，经过洞内很短的距离和很短的时间，从另一个洞口出来，就到达了银河系中心，这时候地球上的时间也过去了 27,000 年，你来到了未来的 27,000 年后的银河系中心。你这时候进入那个洞口，穿过虫洞回到地球，你又会回到 27,000 年前的地球，也就是现在。虫洞不仅是空间的隧道，同时也必然是时间机器，从一个方向穿越过去，可以走进未来，反方向穿越它，可以回到过去。

超体

玄妙的虫洞展示了星际旅行的光明前景，它们真的存在吗？当年爱因斯坦看待虫洞和黑洞一样，认为它们只是数学伎俩而已，不可能真的存在。不过爱因斯坦的态度也不见得可靠，他有时候也过于保守。

虫洞的存在有一个前提，就是存在高维度空间。我们感受到的极遥远空间和极漫长时间，有可能通过高维度空间联结在一起，这种高维度空间还称为超空间，也有人称为超体。超体可以赋予生命更大的自由度，一个二维的生命体被一个完整的圆困住，它若不打破这个圆，根本就无法出来，可是我们从三维空间里可以把它轻松拿出来。对二维空间来说，三维空间就是超体。

存在超越三维空间的超体吗？最初，科学家为了解决一些物理问题，假想存在着高维度空间，结果发现描述问题很方便，后来渐渐意识到，高维度空间很可能真的存在。尤其是 20 世纪的最后两个十年，弦理论和 M 理论先后问世，它们用不同的模型解释世界，弦理论把粒子看成一维的能振动的弦，M 理论里则是二维的能振动的膜。在弦理论里，要想完善而自洽地描述宇宙，需要十个空间维度，M 理论则需要十一维。我们感觉到的空间是三维空间，加上时间的一维，总共是四维，额外的维度在哪里呢？

四维时空能被感觉到，是它们在宏观尺度上显现出来，但其余的维度却蜷缩在量子尺度里，人们根本察觉不到。就像人的一根头发，从远处看，是一根一维的线，如果拿到放大镜下看，会发现它上面有很多细节，显示出三维的特征。空间的维度也是如此，粗看上去，是四维的时空，如果能够深入到极其微观的尺度——量子尺度，就能够看到还有更多的维度存在了。

并不是所有的额外维都蜷缩到了极微观尺度，也可能放得很大——甚至是无限大。如同极微观维度附着在我们的四维时空一样，我们的四维时空也附着在这个更大更高的维度上，是高维度时空里的一个膜，如同二维空间是三维空间里的膜一样。

如果四维时空是一个膜，那么无限发达的文明就有可能制造出虫洞来。就像把一张纸折叠在一起钻个洞，从而使不同纸面上的空间联结在一起，无限发达的文明可以把空间膜扭曲起来，在其上凿两个类似黑洞的洞，成为一个虫洞，它把看上去极遥远的两个空间点连通起来。

流行于科幻小说中的曲率引擎飞船与建造虫洞类似。一艘处于太空中的飞船，用巨大的负能量在周围形成一个空间曲率泡，同时把后方的空间曲率熨平，减小其曲率，飞船就会被前方曲率更大的空间拉过去，飞船超空间运动，速度不受光速的限制，可以像穿越虫洞那样快速抵达看似极遥远的地方。至于飞船本身，将停留在由平滑时空组成的泡内，它本身的运动速度并非超光速，因而并不违反相对论。

无法克服的困难

然而，无论是制造虫洞，还是曲率引擎飞船，都需要巨大的能量。按照能量守恒定律，要把一艘宇宙飞船送到若干光年之外，无论是直接飞过去，还是制造空间弯曲让飞船穿越时空，需要消耗的能量是差不多的。

因而像制造虫洞，或者曲率飞船，只是理论上的可能，是无限发达文明才能实现的任务。无限发达文明的意思是，他们只受物理定律的制约而没有技术手段的限制，能量的供应也是源源不断的。弯曲空间需要消耗能量，制造虫洞或者改变空间曲率需要的能量，相当于把不止一个星球的质量转化为能量。人类不是无限发达的文明，不可能让飞船超越时空地穿越恒星际空间。

费米悖论

1950 年，诺贝尔奖获得者、物理学家费米在和别人讨论飞碟及外星人的问题时，突然冒出一句："他们都在哪儿呢？"这句看似简单的问话，就是著名的"费米悖论"。

　　假如人类在 100 万年后能够实现恒星际的自由穿越，那么，以宇宙的时间尺度，比人类早进化 100 万年的外星人应该多的是，他们早就应该来到地球了。可是，他们在哪儿呢？

　　费米悖论并不能否认外星人的存在，它只表明，外星人不可能乘坐飞船来到地球，同样地，未来的人类也不可能乘坐飞船去拜访外星的文明。

　　把金属飞船和血肉之躯送往遥远外星，很可能是人类智慧萌芽阶段的想法，穿越星际的旅行必须另辟蹊径。

唯一可能的出路

　　卡尔·萨根对超时空旅行有很高明的见解，他在他的科幻名著《接触》里，最早提出了借助虫洞的星际旅行。看起来最科幻，却有可能是最接近现实的终极版星际穿越。下面是小说的故事梗概：

　　地球人收到织女星方向传来的一串古怪射电信号，破译出来后发现是一张大机器图纸。虽然完全搞不懂它，世界多国还是决定联合起来按照图纸把它制造出来。

　　这是一个巨大的传送装置，爱丽等 5 名宇航员进入这个神秘装置，准备开始与外星文明首次接触。

　　大机器开动，宇航员发现大机器打开了一个空间虫洞，载人舱穿过虫洞，在银河系中穿越，走马观花地参观了无数文明和遗迹，最后来到织女星附近。在那里，他们每个人都遇上了自己一生中最爱的人，那是织女星人变幻出来的形象，他们用这种方式与地球人交流，沟通毫无障碍。

爱丽遇到的形象是她已经去世的父亲，父亲领她参观了银河系中心，向她介绍了一个众多星际文明参与的工程项目：再造宇宙。他们在银河系中心建造一个超级黑洞和一个超级白洞，把几百万颗恒星牵引到其中，通过这个通道，把质量和能量运输到仙后座附近，在那里制造了一个活跃的宇宙区域。

这个浩大的工程深深震撼了爱丽，这些外星文明无疑就像造物主。爱丽问父亲，你们可以操纵几百万个恒星，可以操纵时间和空间，你们信仰造物主吗？

织女星人告诉爱丽，他们确信有一种意图创造了这个宇宙，但并不是人类所认为的那样一个造物主，这个造物主只是创造了基本的物理定律，并不去干涉世界的运行。宇宙确有造物主的意图在其中，但织女星人也不清楚，他们依然在追寻之中。

星际旅行结束了，宇航员回到飞行舱中，穿过虫洞回到地球。这一趟旅程穿越了好多万光年，但按照宇航员自己的钟表，显示他们离开地球只经历了20个小时，他们知道这是一种时间变慢效应。他们兴奋地从大机器里冲出来，却发现人们正沮丧地宣布实验失败。原来地球人只是看到，机器运转起来，达到最大功率后，就开始减慢以至于最后停下来，前后不过20分钟，5个宇航员就出来了，个个处于极度兴奋中。

所有人都不相信5个宇航员的经历，宇航员们在太空旅行过程中录了很多音像资料，打开后都是空白。人们尝试再次启动机器，但无法运转了。

卡尔·萨根式的星际旅行有可能实现吗？它需要探索另一个同样神秘的宇宙——大脑与意识，它也常被称为生命的小宇宙。假如意识与宇宙时空之间有某种深刻而普遍的联系，这种星际旅行就有可能实现。毕竟，宇宙所有时空与其万物都起源于同一个奇点，它们之间有某种更深刻的联系是极有可能的。

如果卡尔·萨根式的星际旅行能够实现，人类就有可能获得终极的自由，从而成为名副其实的无限空间之王。

人类的困境

我们身处一个无限伟大的宇宙，我们来自一个无限伟大的创生过程。与此形成强烈反差的是，我们的身体是这样渺小，存在的时间是这样短暂，在无限的空间大海与无限的时间长河里，我们几乎是被囚禁在时空的一个点上，如一朵小小的浪花一闪而逝。

我们究竟是宇宙的囚徒，还是无限空间之王？